ERHARD EDOM

Ökonomische und öffentlich-rechtliche Probleme der Sonderabfallentsorgung

Beiträge zur angewandten Wirtschaftsforschung

Herausgegeben von Lothar Hübl

Band 21

Ökonomische und öffentlich-rechtliche Probleme der Sonderabfallentsorgung

Eine Analyse für das Bundesland Niedersachsen

Von

Dr. Erhard Edom

Duncker & Humblot · Berlin

Abgeschlossen im Dezember 1989

Die Deutsche Bibliothek – CIP-Einheitsaufnahme

Edom, Erhard:
Ökonomische und öffentlich-rechtliche Probleme der Sonderabfallentsorgung: eine Analyse für das Bundesland Niedersachsen / von Erhard Edom. – Berlin: Duncker und Humblot, 1991
(Beiträge zur angewandten Wirtschaftsforschung; Bd. 21)
Zugl.: Hannover, Univ., Diss., 1990
ISBN 3-428-07067-4
NE: GT

Druck: Berliner Buchdruckerei Union GmbH, Berlin 61
Printed in Germany

ISSN 0720-6682
ISBN 3-428-07067-4

Herausgebervorwort

Die Entsorgung der Sonderabfälle ist in den letzten Jahren zu einem wichtigen Umweltthema geworden. Allerdings ist dieses Problemgebiet nicht leicht zu überschauen, da in der Fachliteratur und auf Veranstaltungen oft lediglich technische oder rechtliche Details erörtert werden, die es zunächst nicht erlauben, das Gesamtproblem einzuschätzen. Insbesondere ist es wichtig, Herkunft und Verbleib der Sonderabfälle genau zu kennen.

Mit der vorliegenden Untersuchung wird der Versuch unternommen, die ökonomischen und öffentlich-rechtlichen Probleme der Sonderabfallentsorgung am Beispiel Niedersachsens im Kontext darzustellen und für den Leser die Vielschichtigkeit der zugrundeliegenden technischen und rechtlichen Sachverhalte sichtbar zu machen.

Dabei erfolgt ausführend eine Abklärung und Definition der Begriffe, die es insbesondere auch "Nichtfachleuten" erlauben soll, sich dieses Gebiet zu erschließen. Besonderer Wert ist auf eine richtige Einschätzung des Mengenproblems gelegt worden, wobei die ermittelten Daten sowohl regionalisiert als auch branchenspezifisch geordnet werden. Damit liegt für ein Bundesland eine Sonderabfallbilanz vor.

Ausgehend von der Darstellung dieser Basisinformationen werden die wichtigsten Problembereiche der Sonderabfallentsorgung im Ist-Zustand erarbeitet und beschrieben. Vorhandene Lösungsansätze werden erläutert und dargestellt. Der Hauptteil der Arbeit beschäftigt sich mit dem niedersächsischen Konzept der Sonderabfallentsorgung, wobei insbesondere der Einfluß des Staates auf den Sonderabfallmarkt aufgezeigt wird. Das Konzept wird bewertet und der Umsetzungsstand analysiert.

Mit dieser Untersuchung wurden somit wichtige empirische Ergebnisse der Sonderabfallsituation und ihrer politischen Beeinflußbarkeit vorgelegt.

Hannover, Dezember 1990

Prof. Dr. Lothar Hübl

Inhaltsverzeichnis

Tabellenverzeichnis

Textteil

Anhang

Abbildungsverzeichnis

1. Einführung

1.1 Problemaufriß und Aufbau der Arbeit

Die Entwicklungsgeschichte der Menschheit ist stets von der Sorge über die Sicherstellung der Mittelversorgung begleitet gewesen. Erst die hocharbeitsteilige und hochproduktive Industriegesellschaft hat die Versorgung der Menschen der westlichen Welt in einem Maße sichergestellt, daß gleichzeitig das neue Problem der „Entsorgung" der Abfälle dieser Gesellschaft entstehen konnte.

Die ursprüngliche Vorstellung, die „Entsorgung" durch relativ geringen technischen und finanziellen Aufwand gewährleisten zu können, hat sich als Irrtum erwiesen. Mittlerweile ist deutlich geworden, daß durch eine zu sorglose Abfallbeseitigung die Umwelt erheblich und nachhaltig geschädigt werden kann.

Im gleichen Maße, wie dieses Bewußtsein sich ausbreitet, beschäftigen sich immer breitere gesellschaftlich relevante Kreise mit diesem Problem. Während noch vor 15 Jahren die Einrichtung einer Deponie höchstens die betroffenen Fachleute interessierte, ist heute bereits die beabsichtigte Planung Gegenstand einer breiten und überwiegend kontroversen Diskussion.

Besonders heftige Auseinandersetzungen entfacht dabei das Thema „Giftmüll", bei dem es sich um die Entsorgung der produktionsspezifischen Abfälle handelt und das von den Fachleuten als Sonderabfallentsorgung bezeichnet wird. Die geringe Akzeptanz der Bevölkerung für neue Entsorgungseinrichtungen dieser Art hat zu einer Verknappung der Entsorgungskapazitäten geführt.

Diese Verknappung und die damit verbundenen steigenden Entsorgungspreise sowie Schwierigkeiten bei der Erlangung von Genehmigungen nach dem Bundes-Immissionsschutzgesetz, die nur bei gesicherter Sonderabfallentsorgung erteilt werden dürfen, lassen heute verstärkt die Sonderabfallentsorgung zu einem ernsten Problem der Unternehmen werden. Es wird deutlich, daß Entsorgungskapazitäten für die Wirtschaft nicht mehr im bisherigen Umfang zur Verfügung stehen.

In theoretischen Betrachtungen sind die Beziehungen eines Produktionsprozesses zu seiner Umwelt bis vor kurzem überwiegend als offenes System dargestellt worden. Stark vereinfacht wird der Wirtschaftsprozeß als ein System gesehen, in das die Naturschätze hineingegeben werden, mit Hilfe von Arbeit umgewandelt und schließlich als Endprodukte (Konsum- und Investitionsgüter) wieder ausgestoßen werden. Eine solche Modellbetrachtung ist aber nur solange zutreffend, wie auf der Output-Seite die Umwelt als freies Gut zur Verfügung steht und der wirtschaftlichen Tätigkeit keine nennenswerte Beschränkungen auferlegt werden.

Mit dem immer deutlicheren Auftreten bleibender Umweltschäden muß diese Vorstellung nicht nur aus naturwissenschaftlicher Sicht, sondern auch aus wirtschaftlicher Sicht korrigiert werden.

Das gilt insbesondere für den Bereich der Sonderabfallentsorgung. Lange Zeit wurden Sonderabfalldeponien als „Bio-Reaktoren" angesehen, die alle ihnen zugemuteten Abfälle verarbeiten können und damit eine vollständige Regeneration der Umwelt bewirken.

Namen von Deponien wie Gerolsheim in Rheinland-Pfalz, Georgswerder in Hamburg und Münchehagen in Niedersachsen, die zu gefährlichen Altlasten geworden sind, machen deutlich, daß diese Wege der Sonderabfallentsorgung nicht mehr vertretbar sind, wenn die Umwelt für die kommenden Generationen als Lebensgrundlage erhalten bleiben soll.[1]

Allein um zu verhindern, daß die Deponie Münchehagen die Umwelt nicht durch gefährliche Emissionen belastet, wird das Land Niedersachsen für Maßnahmen im Rahmen eines Sicherungskonzepts in den nächsten Jahren über 40 Mio. DM bereitstellen müssen. Diese Summe macht auch bereits die volkswirtschaftliche Dimension des Problems deutlich. Im zunehmenden Maße müssen in den nächsten Jahren steigende Mittel zur Sicherung der fortlaufenden Sonderabfallentsorgung der Altlasten der Vergangenheit zur Verfügung gestellt werden.

Für die Entscheidungsträger in Wirtschaft und Staat, die für die Planung der Sonderabfallentsorgung zuständig sind, bedeutet dies, daß zum einen die derzeitige Sonderabfallentsorgung entscheidend verbessert werden und zum anderen gleichzeitig die Altlastenproblematik einer Lösung zugeführt werden muß. Es sind neue Konzepte zu entwickeln, die sowohl neue technische als auch rechtliche und organisatorische Elemente aufweisen. Generell stellt sich die Aufgabe, solche Konzepte zu entwickeln, die gewährleisten, daß die bisher nur extern anfallenden Umweltkosten stärker in die wirtschaftlichen Prozesse internalisiert werden. Nur durch eine solche Vorgehensweise kann erreicht werden, daß bereits in den Betrieben die richtigen umweltrelevanten Entscheidungen auch auf dem Gebiet der Sonderabfall-

---

1 Siehe z. B.: Wolf, K./Zarth, M., Die Deponie Hamburg-Georgswerder: Entstehung, Umweltgefahren, Sanierung, Wasser u. Boden, 1989, S. 511.

entsorgung getroffen werden. Damit stellt sich die Frage, nach welchen Regeln das Geschehen auf dem Markt der Sonderabfallwirtschaft abläuft und in welchem Maße dieser Markt durch staatliches Vorgehen beeinflußt wird.

Zur Untersuchung dieser Fragestellung am Beispiel des Landes Niedersachsen wird folgendermaßen vorgegangen:

Zunächst ist auf die abfallwirtschaftliche Ausgangslage einzugehen. Anhand eines exakten Mengen- und Artengerüstes im Sonderabfallbereich soll ein Überblick über den Istzustand des Sonderabfallmarktes in Niedersachsen gegeben werden.

Diese Vorgehensweise erfordert eine saubere Erklärung und Definition der Begriffe. Die Abfallentsorgung erfolgt nach dem Abfallgesetz des Bundes und den ergänzenden Landesgesetzen. Daher sind das Regime des Abfallrechtes und seine Grundbegriffe als Basis für die weitere Arbeit zu strukturieren und zu erläutern. Vorrangig ist der Begriff Sonderabfall einzugrenzen und zu definieren. Obwohl der Begriff Sonderabfall oder Giftmüll in den letzten Jahren beinahe täglich in den Medien benutzt wird, so erweist es sich doch bei näherer Betrachtung als unklar, was überhaupt unter diesen Begriff fällt, mit welchen Mengen an Sonderabfall zu rechnen ist und welche Unternehmen diese Mengen erzeugen.

Ferner soll die komplexe Problemstruktur auf dem Gebiet der Sonderabfallentsorgung verdeutlicht werden. Die wichtigsten Problembereiche, wie das Beseitigungsproblem, das Organisatorische und das Altlastenproblem, werden ausgehend von dem Ist-Zustand erarbeitet und beschrieben. Eine nähere Analyse des Beseitigungsproblems erfordert es, zunächst auch auf die Stoffeigenschaften der anfallenden Sonderabfälle einzugehen. Aus der Stoffeigenschaft der anfallenden Sonderabfälle folgt eine Vielstoffproblematik, die eng verbunden ist mit dem Problem der knappen Kapazitäten zur Entsorgung der Sonderabfälle.

Die in Niedersachsen zur Verfügung stehenden Sonderabfallentsorgungsanlagen werden ermittelt. Dabei wird insbesondere auch ein Überblick über die von niedersächsischen Unternehmen selbst errichteten sogenannten betriebseigenen Deponien gegeben.

Vorhandene Lösungsansätze zur Bewältigung des organisatorischen und des Altlastenproblems werden erläutert und dargestellt. Das Altlastenproblem wird in seiner Verzahnung zu der laufenden Sonderabfallentsorgung erläutert.

Der Hauptteil der Arbeit beschäftigt sich mit dem neuen niedersächsischen Konzept der Sonderabfallentsorgung. In Kapitel 4 wird zunächst ein Überblick über die bisherige Haltung des Landes Niedersachsen zum Einfluß des Staates auf den Sonderabfallmarkt gegeben. Davon ausgehend wird das neue technische Konzept des Landes untersucht und dargestellt. Dieses technische Konzept ist eng mit organisatorischen Eingriffen des Landes in den Sonderabfallmarkt verbunden. Diese einzelnen organisatorischen Maßnahmen werden strukturiert und ihr konzeptioneller Zusammenhang deutlich gemacht.

Aufbauend auf der Darstellung des technischen und organisatorischen Konzeptes wird untersucht, welchen Planungsstand diese Konzepte haben und inwieweit sie bereits umgesetzt sind.

Ausgehend von der Untersuchung des Konzeptes wird anhand der zu erarbeitenden Problematik im Sonderabfallbereich eine Bewertung des Konzeptes und der bisherigen praktischen Erfahrungen vorgenommen.

1.2 Abgrenzung des Untersuchungsgegenstandes

Die Sonderabfallproblematik ist langfristig nur lösbar, wenn die Inanspruchnahme der Umwelt durch Deponierung oder durch Verbrennungsanlagen erheblich reduziert wird. Dies bedeutet in erster Linie, stärker als bisher auf eine Vermeidung und Verwertung der Sonderabfälle hinzuwirken.

So muß zunächst durch anlagenbezogene Maßnahmen innerhalb der Betriebe der Anfall von Sonderabfall soweit begrenzt werden, wie es der derzeitige Stand der Technik zuläßt. Sofern Sonderabfall trotz dieser Maßnahmen anfällt, ist er in speziellen Anlagen aufzubereiten und die wiederverwertbaren Stoffe sind in die betrieblichen Abläufe desselben oder anderen Produktionsverfahren zurückzuführen. Um dieses Ziel zu erreichen, müssen neue in Entwicklung befindliche Technologien in den Produktionsprozeß integriert werden.[2]

Parallel dazu sind durch stoffbezogene Maßnahmen besonders toxische Schadstoffe soweit wie möglich durch umweltverträgliche Stoffe zu ersetzen, um den Schadstoffgehalt in den Produktionsrückständen von vornherein zu reduzieren.

Die Aufgaben der Vermeidung und Verwertung sind in der Regel unmittelbar durch die verursachenden Industriebetriebe zu erbringen. Soweit es sich um genehmigungsbedürftige Industrieanlagen nach § 4 des Bundes-Immissionsschutzgesetzes in Verbindung mit der 4. Bundes-Immissionsschutzverordnung handelt, sind die Pflichten der Industriebetriebe für diesen

---

[2] Vgl. Frank, F. J., Strategien zur Vermeidung „Gefährlicher Abfälle", in: Abfallwirtschaft in Rheinlands-Pfalz 2, Ministerium für Soziales, Gesundheit u. Umwelt (Hrsg.), Mainz 1985, S. 59.

Bereich in § 5 Abs. Pkt. 1 Nr. 3 des Bundes-Immissionsschutzgesetzes geregelt.

Der Länderausschuß für Immissionsschutz hat in seiner 70. Sitzung vom 12. bis 14. Oktober 1988 in Fulda im Rahmen einer Arbeitsgruppe einen Entwurf einer Verwaltungsvorschrift zur Vermeidung, Verwertung und Beseitigung von Reststoffen nach § 5 Abs. 1 Nr. 3 des BImSchG gebilligt und den Ländern empfohlen, die Regelungen dieses Entwurfs für die Genehmigungs- und Überwachungsbehörden zugrunde zu legen.[3] Diese Bemühungen der Industrieunternehmen und der Gewerbeaufsichtsverwaltung, das Sonderabfallproblem sozusagen an der Wurzel zu packen, sind nicht Gegenstand dieser Arbeit.

Gegenstand dieser Arbeit sind die beträchtlichen Mengen an Sonderabfällen, die trotz aller Bemühungen mittelfristig noch anfallen werden und entsorgt werden müssen. In diesem Zusammenhang ist insbesondere zu beachten, daß infolge der strengen Vorschriften auf dem Gebiet der Luft-Boden- und Wasserreinhaltung zusätzliche Abfälle anfallen werden. Ferner besteht für die Entwicklung und den Einsatz neuer Produktionstechnologien ein Zeitbedarf von 5 bis 10 Jahren, so daß durch die Vermeidungsstrategie erst langfristig eine Lösung der Sonderabfallproblematik zu erwarten ist.[4]

Mittelfristig wird – auch im Hinblick auf die ordnungsgemäße Entsorgung von Altlasten – eher mit steigenden Sonderabfallmengen zu rechnen sein, für die geeignete Entsorgungsstrukturen aufgebaut sein müssen. Gegenstand dieser Arbeit ist daher das Geschehen auf dem Markt der Sonderabfallentsorgung, d. h. der Umgang mit den Stoffen, für die eine wirtschaftliche Bedeutung i. S. einer Verwertung nicht mehr gegeben ist.

1.3. Die Abfallentsorgung als Aufgabe des Umweltschutzes

Spätestens seit Beginn der 70er Jahre ist allgemein erkannt worden, daß der Schutz der Umwelt eine wichtige eigenständige, unverzichtbare Aufgabe ist.[5]

---

[3] Siehe hierzu Länderausschuß für Immissionsschutz (LAI), Entwurf einer Verwaltungsvorschrift zu Vermeidung, Verwertung und Beseitigung von Reststoffen, Düsseldorf 1988.

[4] Zu der theoretisch begrenzten Möglichkeit der vollständigen Wiedergewinnung von Rohstoffen bei analoger Anwendung des 1. und 2. Hauptsatzes der Thermodynamik siehe: Fülgraff, G., Die Endlichkeit der Rohstoffe Materie in Wirtschaft und Umwelt – in: Ministerium für Umwelt Baden-Württemberg (Hrsg.), Leben ohne Müll – Wunsch und Wirklichkeit? – Stuttgart 1989, S. 25.

[5] Siehe z. B.: Bundesminister des Innern, Umweltprogramm 1971, Bundestagsdrucksache VI/2710.

Ziele des Umweltschutzes sind insbesondere:[6]

- Sicherung einer Umwelt, die die Gesundheit der Bevölkerung erhält und ihr ein menschenwürdiges Dasein ermöglicht,
- Schutz von Boden, Luft und Wasser, Pflanzen- und Tierwelt vor nachteiligen Wirkungen menschlicher Schäden,
- Beseitigung von Schäden und Nachteilen aus menschlichen Eingriffen.

Das Erreichen dieser Ziele ist nicht möglich ohne eine geordnete Abfallentsorgung. Eine unkontrollierte Abfallbeseitigung z. B. durch wilde Müllkippen – eine Situation, wie sie teilweise Mitte und Ende der 60er Jahre vorherrschte – würde angesichts der großen Abfallmengen innerhalb einer relativ kurzen Zeit zu einer Kontamination von Wasser und Boden führen. Eine geordnete Entsorgung ist daher auch für Sonderabfälle in besonderem Maße erforderlich, da sie oft boden- und wassergefährdend sind.

Andererseits tragen aber auch die Anlagen zur Abfallentsorgung selbst zu einer Belastung der Umwelt bei, da z. B. langfristig betrachtet jede Deponie Emissionen an die Umwelt über den Wasserpfad abgibt und jede Abfallverbrennungsanlage über Luftemissionen zur Luftverschmutzung beiträgt.

Insofern ist die Abfallentsorgung von dem inneren Widerspruch gekennzeichnet, daß die Umweltschutzaufgabe „geordnete Entsorgung" selbst Umweltbelastungen verursacht, die von den betroffenen Standortgemeinden im Interesse einer ganzen Region erduldet werden sollen.[7]

Hier tut sich ein breites soziales Spannungsfeld auf, das nur gelöst werden kann, wenn auch die Abfallentsorgung konsequent den Prinzipien und Instrumentarien der Umweltpolitik untergeordnet wird und diese überzeugend den Bürgern dargelegt und vermittelt werden können.

1.4 Prinzipien und Instrumentarien der Umweltpolitik

Die Erfüllung der oben dargelegten Umweltschutzziele wird in der Bundesrepublik Deutschland auf der Grundlage des Verursacher-, des Kooperations- und des Vorsorgeprinzips verfolgt.[8]

Nach dem Verursacherprinzip muß derjenige die Kosten einer Umweltbelastung tragen, der für ihre Entstehung verantwortlich ist. Dieser Ansatz

---

[6] Vgl. Bundesminister des Innern (Hrsg.), Was Sie schon immer über Umweltschutz wissen wollten, Berlin 1981, S. 8.

[7] Vgl. Jung, G.: Die Planung in der Abfallwirtschaft, Berlin 1988

[8] Vgl. Wicke, L.: Umweltökonomie, München 1989, S. 128.

entspricht dem Grundgedanken der sozialen Marktwirtschaft, wonach in einer marktwirtschaftlichen Ordnung grundsätzlich alle Kosten den Produkten oder den Leistungen zugerechnet werden, die die einzelnen Kosten verursachen.[9] Dementsprechend muß derjenige die Kosten einer Umweltbelastung tragen, der für ihre Entstehung verantwortlich ist.

Die umweltpolitischen Bemühungen sind vorrangig darauf gerichtet, Umweltschäden, bisher „externe Kosten" von Produktion und Konsum, möglichst in die Wirtschaftsrechnung einzubeziehen.[10]

Die öffentliche Hand sollte nur dann mit den Kosten für die Beseitigung von Umweltschäden belastet werden, wenn der Verursacher nicht festgestellt werden kann oder wenn akute Notstände beseitigt werden müssen und dies anderweitig nicht rasch genug erreicht werden kann.

Unter dem Kooperationsprinzips wird das Zusammenwirken der öffentlichen Hand und den Betroffenen bei umweltbeeinträchtigenden wirtschaftlichen und sonstigen Aktivitäten verstanden. Als Betroffene sind alle gesellschaftlichen Kräfte in Betracht zu ziehen, da wegen der grundlegenden Bedeutung des Umweltschutzes in besonderem Maße die Notwendigkeit einer breiten Konsensbildung besteht. Insbesondere kann eine Realisierung des Kooperationsprinzips zu einem ausgewogenen Verhältnis zwischen individuellen Freiheiten und gesellschaftlichen Bedürfnissen beitragen, indem durch eine Mitbeteiligung und Mitverantwortlichkeit:[11]

1. die umweltpolitischen Entscheidungsträger bei der Definition ihrer umweltpolitischen Zielsetzungen Hilfestellung erhalten,
2. das Umweltbewußtsein der Bürger verstärkt und die Aufklärung der Bevölkerung im Umweltschutzbereich verbessert werden,
3. wichtige und dringende Aufgaben des Umweltschutzes durch ein gemeinsames Vorgehen schneller gelöst werden.

Andererseits muß deutlich gesehen werden, daß das Kooperationsprinzip dort seine Grenzen hat, wo der Grundsatz der vorrangigen Verantwortlichkeit der legitimierten Parlamente und Regierungen in Frage gestellt ist.[12]

Als weiteres tragendes Prinzip der Umweltpolitik ist das Vorsorgeprinzip hervorzuheben. Nach diesem Prinzip sind die Gefahren für die Umwelt vor-

---

9 Zum Verursacherprinzip siehe auch: Bundesministerium des Innern: Das Verursacherprinzip – Möglichkeiten und Empfehlungen zur Durchsetzung, Umweltbrief Nr. 1, Bonn 1973.

10 Vgl. Wicke, L., Umweltökonomie, München 1989, S. 129. Zur Entstehung von externen Umweltkosten siehe ebenda, S. 43 f.

11 Siehe hierzu: Bundesministerium des Innern, Umweltbericht 1976, Fortschreibung des Umweltprogramms der Bundesregierung, Stuttgart 1976, S. 27 f.; vgl. auch Wicke, L., a.a.O., S. 144.

12 Vgl. Wicke, L., a.a.O., S. 144.

ausschauend zu erkennen, damit ihnen durch umweltpolitische und sonstige Maßnahmen so vorgebeugt werden kann, daß möglichst von vornherein Umweltschäden vermieden oder zumindest gering gehalten werden. Dieses Ziel soll dazu dienen, die Naturgrundlagen zu schützen oder sie schonend in Anspruch zu nehmen, insbesondere soll sich Umweltpolitik nicht darauf beschränken, bereits eingetretene Schäden zu bekämpfen, sondern solche Entwicklungen zu verhindern, die zu zukünftigen Umweltbelastungen führen könnten.

Zu beachten ist, daß sich eine ausschließlich auf dem Vorsorgeprinzip beruhende Umweltpolitik gegenüber einer am Verursacherprinzip orientierten Politik insofern abgrenzen läßt, als beim Verursacherprinzip auch die Möglichkeit besteht, bereits eingetretene Schäden auf Kosten des Verursachers nachträglich zu beseitigen.[13]

Andererseits besteht die Gefahr, daß bei einer übertriebenen Anwendung des Vorsorgeprinzips die Umweltpolitik den Handlungsspielraum des Einzelnen in zu starkem Maße einschränkt. Daher ist eine Abwägung im Hinblick auf die einschränkende Wirkung bei jeder umweltpolitischen Maßnahmen geboten.

Zur Verwirklichung der genannten Prinzipien werden eine Reihe von umweltpolitischen Instrumenten eingesetzt, der Gesamtkatalog des möglichen umweltpolitischen Instrumentariums ist sehr umfangreich.[14]

Hier soll nur auf folgendes hingewiesen werden: Die klassischen staatlichen Instrumente sind auch im Bereich des Umweltschutzes zum einen hoheitliche Auflagen (Ge- und Verbote) im Rahmen des rechtlichen Vollzuges der Umweltgesetze durch die speziellen Ordnungsverwaltungen (z. B. Wasserwirtschafts- u. Gewerbeaufsichtsverwaltung) und zum anderen die öffentliche Förderung umweltrelevanter Maßnahmen (z. B. Bezuschussung kommunaler Kläranlagen, Förderung des Fernwärmeausbaus).

In den letzten Jahren ist verstärkt gefordert worden, dieses Instrumentarium zu erweitern. Teilweise ist dies bereits geschehen, z. B. durch den Abschluß von Kooperationsverträgen zur Lösung bestimmter Probleme im Altlastenbereich.[15]

Die verstärkte Einführung anderer Steuerungsinstrumente, wie z. B. Die Steuerung der Abfallwirtschaft durch marktwirtschaftliche Anreize wird zwar diskutiert, steht aber noch am Anfang der Entwicklung.[16]

---

[13] Ebenda, S. 148.

[14] Siehe hierzu ausführlich: Wicke, L., a.a.O., S. 166.

[15] Vgl. Pkt. 3.4.4.1.

[16] Siehe hierzu z. B.: Bonus, H., Marktwirtschaftliche Konzepte im Umweltschutz, Stuttgart

Die heutige Situation der Sonderabfallentsorgung ist daher ohne Kenntnisse über die rechtlichen Grundlagen des hoheitlichen Instrumentariums des Staates, das im wesentlichen im Abfallgesetz verankert ist, nicht nachvollziehbar.

1984 und Faber, M./Stephan, G./Michaelis, P., Umdenken in der Abfallwirtschaft, Heidelberg 1988.

2. Situationsbeschreibung des Sonderabfallaufkommens in Niedersachsen

2.1. Das Regime des Abfallrechts

2.1.1. Entwicklung des Abfallrechts

Eine bundesrechtliche Regelung des Abfallrechts ist erst relativ spät mit der Verabschiedung des Abfallbeseitigungsgesetzes vom 7. Juni 1972 erfolgt.[1]

Bis dahin war die Abfallbeseitigung als eigene Rechtsmaterie weitgehend in kommunalen Satzungen und in einigen Bundesländern durch Landesgesetze geregelt.[2]

Ende der 60er Jahre wurde aufgrund verschiedener Umweltskandale deutlich, daß auf dem Gebiet der Abfallbeseitigung die bestehenden landesrechtlichen Regelungen nicht ausreichten und spezielle abfallrechtliche Regelungen auf Bundesebene erforderlich wurden.[3]

Ein entsprechendes Bundesgesetz konnte aber erst verabschiedet werden, nachdem die Grundgesetzänderung vom 14. 04. 1972 dem Bund die konkurrierende Gesetzgebungskompetenz auf dem Gebiet der Abfallbeseitigung einräumte.[4]

Das Abfallbeseitigungsgesetz des Bundes wurde inzwischen mehrfach geändert[5] und liegt, nachdem bei der letzten Änderung mehrere wesentliche umweltpolitische Forderungen – insbesondere das Gebot der Verwertung der Abfälle – aufgenommen wurde, in der Fassung vom 27. 08. 1986 als Abfallgesetz vor.[6]

---

[1] BGBl. 1972 I S. 873.

[2] Siehe z. B.: Baden-Württemberg, Gesetz über die Beseitigung von Abfällen vom 21. 12. 1971, GBl. 1972 S. 1.

[3] Vgl. Birn, H., Abfallbeseitigungsrecht für die betriebliche Praxis, Nachschlagwerk, Kissing 1984, 15/011-2.

[4] Vgl. Schmidt-Bleibtreu, B., Kommentar zum Grundgesetz, 4. Auflage, Darmstadt 1977, Art. 74, RdNr. 46.

[5] Siehe 1. Änderungsgesetz v. 21. 06. 1976, BGBl. I 1976, S. 1601;. Änderungsgesetz v. 04. 03. 1982, BGBl. I. 1982, S. 281; 3. Änderungsgesetz v. 31. 01. 1985, BGBl. I 1985, S. 204.

[6] Das Gesetz über die Vermeidung und Entsorgung von Abfällen – Abfallgesetz – (AbfG) v. 27. 08. 1986, BGBl. I 1986, S. 1410, berichtigt S. 1501.

Aufgrund der nunmehr verankerten konkurrierenden Gesetzgebung des Bundes steht den Ländern die Befugnis zur eigenen Gesetzgebung nur zu, solange und soweit der Bund von seinem Gesetzgebungsrecht keinen Gebrauch gemacht hat. Bis auf Berlin (Stadtreinigungsgesetz – StrG – vom 24. 06. 1969) haben nach der Verabschiedung des Abfallbeseitigungsgesetz des Bundes im Jahr 1972 in der Folgezeit alle Bundesländer – teilweise unter Änderung ihrer bisher erlassenen Gesetze – Landesabfallgesetze erlassen, die sich im wesentlichen dadurch gleichen, daß sie mehr oder weniger Ausführungsgesetze zum Abfallgesetz des Bundes darstellen.[7]

Das Abfallrecht des Bundes und der Länder folgt prinzipiell einem monistischen System.[8]

Charakteristisch hierfür ist zum einen die grundsätzliche vorgeschriebene, nur ausnahmsweise abdingbare Eigenregie der öffentlichen Hand. Die nach Landesrecht zuständigen Körperschaften des öffentlichen Rechts, dies sind in Niedersachsen wie auch in den meisten anderen Bundesländern die Landkreise und kreisfreien Städte, haben die in ihrem Gebiet anfallenden

---

[7] Zu den derzeit geltenden Abfallgesetzen der Länder siehe:

- Abfallgesetz für Baden-Württemberg (Landesabfallgesetz – LAbfG) vom 18. Nov. 1975 (GBl. S. 757), zuletzt geändert durch Gesetz vom 22. Februar 1988 (GBl. S. 55).
- Gesetz über die geordnete Beseitigung von Abfällen (Bayerisches Abfallgesetz) vom 25. Juni 1973 (GVBl. S. 324), zuletzt geändert durch Gesetz vom 20. Juli 1982 (GVBl. S. 471).
- Berlin: Gesetz über die Stadtreinigung (Stadtreinigungsgesetz – StRG) vom 24. Juni 1969 GVBl. S. 768), zuletzt geändert durch Gesetz vom 05. März 1987 (GVBl. S. 998).
- Bremisches Ausführungsgesetz zum Abfallbeseitigungsgesetz (Brem AGAbfG) vom 28. Januar 1975 (GBl. S. 55).
- Hamburgisches Ausführungsgesetz zum Abfallbeseitigungsgesetz vom 6. Februar 1974 (GVBl. S. 72, 140).
- Gesetz über die Vermeidung, Verwertung und Beseitigung von Abfällen (Hessisches Abfallgesetz – HAbfG), in der Fassung vom 11. Dezember 1985 (GVBl. I 1986 S. 18), geändert durch Gesetz vom 28. August 1986) (GVBl. I S. 253).
- Niedersächsisches Ausführungsgesetz zum Abfallbeseitigungsgesetz (Nds.AG AbfG) vom 9. April 1973 (GVBl. S. 109), geändert durch Gesetz vom 19. 12. 1980 (GVBl. S. 499).
- Abfallgesetz für das Land Nordrhein-Westfalen (Landesabfallgesetz – LAbfG –) vom 18. Dezember 1973 (GV.NW. S. 562), zuletzt geändert durch Gesetz vom 6. November 1984 (GV.NW. S. 679).
- Rheinland-Pfalz: Landesgesetz zur Ausführung des Gesetzes über die Vermeidung und Entsorgung von Abfällen (Landesabfallgesetz – LAbfG –) in der Fassung vom 4. Mai 1987 (GVBl. S. 139).
- Saarländisches Abfallgesetz SAbfG) vom 3. Juni 1987 (Amtsbl. S. 849).
- Schleswig-Holstein: Ausführungsgesetz zum Abfallbeseitigungsgesetz (AG-AbfG) vom 26. Nov. 1973 (GVBl. S. 407-GS ScHl.-H.,Gl. Nr. 2128).

[8] Vgl. Breuer, R., Die Abgrenzung zwischen Abwasserbeseitigung, Abfallbeseitigung und Reststoffverwertung, Heidelberg 1985, S. 13.

Abfälle zu entsorgen. Teilweise wird von den Primär-Entsorgungspflichtigen gesprochen.[9]

Systemprägend wirkt ferner der objektive Grundsatz, daß Abfälle nur in den dafür zugelassenen Anlagen oder Einrichtungen behandelt, gelagert oder abgelagert werden dürfen (§ 4 Abs. 1 AbfG).

Diese Grundsätze gelten zunächst für jeden Abfall unabhängig von seinem Gefährdungspotential. Allerdings können die zuständigen Körperschaften ausnahmsweise Abfälle von der Entsorgung ausschließen, soweit sie diese nach ihrer Art oder Menge nicht mit den in Haushaltungen anfallenden Abfällen entsorgen können (§ 3 Abs. 3 AbfG). Kommt es zu diesem Ausschluß, so unterliegt der Abfall wieder der Entsorgungspflicht des Besitzers (§ 3 Abs. 4 AbfG), der zum sogenannten Sekundär-Entsorgungspflichtigen wird. Dieser muß sich nunmehr selbst um die schadlose Entsorgung seiner Abfälle kümmern. Weder die Primär- noch die Sekundär-Entsorgungspflichtigen brauchen die Abfallentsorgung selbst durchzuführen.

Sie können sich für jede der ihnen obliegenden Aufgaben geeigneter Dritter bedienen (§ 3 Abs. 2 Satz 2 u. Abs. 4 Satz 2 AbfG). Der Bund hat nicht vorgeschrieben, wer als Dritter in Betracht kommt, so daß die Entsorgungspflichtigen nach Bundesrecht in ihrer Entscheidung frei sind, wen sie beauftragen wollen.

Ausnahmen vom Gebot der Entsorgung in dafür zugelassenen Entsorgungsanlagen können im Einzelfall gestattet werden, wenn dadurch das Wohl der Allgemeinheit nicht beeinträchtigt wird (§ 4 Abs. 2 AbfG). In der Praxis des abfallrechtlichen Vollzuges wird in Niedersachsen von dieser Vorschrift kaum Gebrauch gemacht. Zumal ein Anspruch auf eine solche Ausnahmegenehmigung auch dann nicht besteht, wenn durch die Entsorgung außerhalb der zugelassenen Anlage das Wohl der Allgemeinheit nicht beeinträchtigt wird.[10]

Neben dieser Möglichkeit, im Einzelfall Ausnahmen zuzulassen, sieht das Abfallgesetz auch die Möglichkeit vor, durch Rechtsverordnungen der Landesregierungen generelle Ausnahmen zu Gunsten einer Abfallentsorgung außerhalb von Entsorgungsanlagen zu regeln (§ 4 Abs. 4 AbfG). Niedersachsen hat hiervon zur Regelung der Entsorgung von landwirtschaftlichen, forstlichen sowie Gartenabfällen Gebrauch gemacht.[11]

---

9 Vgl. Birn, H., Abfallbeseitigungsrecht für die betriebliche Praxis, Nachschlagwerk, Kissing 1984, 15/012-2.

10 Vgl. Hösel, G. / Lersner, H. von, Kommentar zum Gesetz über die Beseitigung von Abfällen, in: Handbuch Recht der Abfallbeseitigung, Berlin 1972, 1140 RdNr. 31.

11 Verordnung vom 12. Mai 1978, Nds.GVBl. S. 391, geändert durch VO vom 14. 08. 1979 Nds.GVBl. S. 235.

Das Abfallrecht verfolgt primär, anders als z. B. das Wasserrecht, nicht den Schutz eines Mediums, sondern entfaltet ein normatives und administratives Regime über bestimmte Stoffe. Es ist daher dem kausalen Umweltschutz zuzuordnen und damit mediumunabhängig, obwohl die hiermit erfaßten gefährlichen Stoffe im allgemeinen auf dem Weg über die Umweltmedien Boden, Wasser und Luft wirken und der kausale Ansatz mittelbar der Kontrolle oder Begrenzung solcher Wirkungen zugute kommen soll. Diese stoffbezogene Ausrichtung des Abfallrechts ist auch im Hinblick auf die Sonderabfallproblematik von besonderer Bedeutung und darf – wie im weiteren noch dargestellt wird – bei der Definition des Sonderabfallbegriffes nicht aus dem Auge verloren werden.

2.1.2 Abgrenzung des Abfallbegriffes

Das Abfallgesetz ist – von den Ausnahmen der §§ 5, 5a, 5b und 15 abgesehen – nur anwendbar, wenn die betroffene Sache unter dem Begriff Abfall zu subsumieren ist. Daher ist die Abgrenzung dieses Begriffes von grundlegender Bedeutung. Allerdings bereitet die Abgrenzung des Begriffes „Abfall" und damit des sachlichen Geltungsbereichs des Abfallgesetzes in der Praxis erhebliche Schwierigkeiten.

Der bundesrechtliche Abfallbegriff in § 1 Abs. 1 des Abfallgesetzes stellt eine abschließende Regelung dar, die Landes- oder Kommunalrecht weder einengen noch erweitern kann. Charakteristisch für die gesetzliche Definition sind ihre beiden alternativen zu prüfenden Tatbestände: Abfälle sind bewegliche Sachen,

- deren sich der Besitzer[12] entledigen will (subjektiver Abfallbegriff) oder
- deren geordnete Entsorgung zur Wahrung des Wohls der Allgemeinheit geboten ist (objektiver Abfallbegriff).

Zunächst verdeutlicht die Definition, daß nur bewegliche Sachen Abfall sein können. Von vorherein scheiden also Sachen, die nicht beweglich sind, als Abfall aus. Abfall sind mithin nicht Grundstücke und ihre Bestandteile, wie morsche Bäume, kontaminierter Boden vor dem Aushub, Häuser vor dem Abbruch, jedoch Bauschutt.

---

[12] Besitz i. S. von § 1 Abs. 1 AbfG ist nicht gleichbedeutend mit dem Besitz i. S. des bürgerlichen Rechts (§§ 854 ff BGB). Nach bürgerlichem Recht ist Besitzer nur, wer auch einen Besitzbegründungswillen hat. Den fordert das Abfallrecht nicht. Hier genügt die tatsächliche Sachherrschaft. Besitzer von Abfall ist mithin auch der Eigentümer oder Besitzer, auf dessen Privatgrundstück Abfälle wild abgelagert werden.

Die Kombination eines subjektiven mit einem objektiven Abfallbegriff war während des Gesetzgebungsverfahrens nicht unumstritten und stellte einen Kompromiß dar. Beim subjektiven Begriffsteil steht das liberale Element der Rechtsordnung im Vordergrund. Der Bürger soll zunächst selbst entscheiden, welcher Sache er sich erledigen will.

Dagegen steht im objektiven Begriffsteil das soziale Element des Schutzes der Umwelt im Vordergrund. Würde man die Entsorgung des Abfalls allein vom subjektiven Entledigungswillen des Bürgers abhängig machen, so könnten der Allgemeinheit dadurch Gefahren erwachsen. Die Bürger könnten, aus welchen Motiven auch immer, Sachen nicht zur Entsorgung freigeben, deren Verbleib in ihrem Gewahrsam öffentliche Interessen beeinträchtigen würden.[13]

Der subjektive Abfallbegriff setzt den Entledigungswillen des Besitzers voraus. Entledigen ist Gewahrsamsaufgabe zum alleinigen Zweck der Beseitigung der Sache. Wenn andere Zwecke auch nur mitverfolgt werden, liegt keine Entledigung vor.[14]

Der abfallrechtliche Begriff des Entledigens ist also enger als der des allgemeinen Sprachgebrauchs. Ihm unterfallen solche Vorgänge nicht, in denen sich der Besitzer zwar einer Sache entäußern will, diese nach seinem Willen aber einer als wirtschaftlich sinnvoll anzuerkennenden neuen Verwendung zugeführt werden soll.[15]

Es handelt sich dann bei dieser Sache nicht um Abfall, sondern um Wirtschaftsgut. Wirtschaftsgut sind auch Reststoffe i. S. des § 5 Abs. 1 Nr. 3 BImSchG, soweit sie verwertet oder vermieden werden können.[16]

Allerdings ist bei solchen Reststoffen ein Entledigungswille des Besitzers unbeachtlich.[17]

Kommt eine Verwertung der Reststoffe nicht in Betracht und liegen auch die in diesem Zusammenhang maßgeblichen Voraussetzungen für die Pflicht zur Vermeidung nicht vor, handelt es sich um einen Abfall.[18]

---

13 Vgl. Hösel, G. / Lersner, H. von, Kommentar zum Gesetz über die Beseitigung von Abfällen, in: Handbuch Recht der Abfallbeseitigung, Berlin 1972, 110, RdNr. 3.

14 Siehe hierzu: OVG Lüneburg, Urteil vom 15. 07. 1985, Natur u. Recht, 1987, S. 86.

15 Kunig, P. / Schwermer, G. / Versteyl, L.-A., Abfallgesetz, Kommentar, München 1988, RdNr. 15 zu § 1.

16 Länderausschuß für Immissionsschutz (LAI), Entwurf einer Verwaltungsvorschrift zur Vermeidung, Verwertung und Beseitigung von Reststoffen, a.a.O., S. 5.

17 Feldhaus, G., Entsorgung bei der Genehmigung von Industrieanlagen, Umwelt und Planungsrecht, 1983, S. 356-358.

18 In Einzelfällen kann es sich auch um Abwasser handeln; wegen der Problematik der Be-

Dieser Abfall darf entsorgt werden, wenn dadurch das Wohl der Allgemeinheit nicht beeinträchtigt wird.

In der Praxis kann diese Problematik der Abgrenzung des Abfallbegriffs zum Wirtschaftsgut zu erheblichen Problemen führen.

Als Beispiel sei ein Fall genannt, bei dem zu Beginn des Jahres 1988 rd. 1 500 t Farb- und Lackschlämme nach einer Verfestigung mit Sägespänen aus dem Bundesland Baden-Württemberg als „Ersatzbrennstoff" für Zementwerke in die Türkei exportiert wurden.[19]

Der Export wurde als Wirtschaftsgut eingestuft und unterlag somit nicht einer Genehmigung gem. § 13 Abfallgesetz.[20] In der Türkei wurde eine Verbrennung jedoch nicht gestattet und die Rücknahme des „falsch deklarierten" Giftmülls gefordert, da ein hoher Gehalt an polychlorierten Biphenylen festgestellt wurde.

Ein Korrektiv steht den Behörden in solchen Situationen in der Form des objektiven Abfallbegriffes zur Verfügung. Der objektive Abfallbegriff setzt keine Willensäußerung des Abfallbesitzers voraus. Es ist lediglich Voraussetzung, daß die geordnete Entsorgung einer Sache im Allgemeininteresse geboten, d. h. erforderlich ist.[21]

Dem objektiven Abfallbegriff ist aber ebenso wie dem subjektiven Abfallbegriff gemeinsam, daß er auf die Entsorgung eines Stoffes im Sinne einer Vernichtung abzielt. Beim objektiven Abfallbegriff muß daher die geordnete Entsorgung der Sache trotz einer evtl. möglichen wirtschaftlichen Verwertung im Hinblick auf das Wohl der Allgemeinheit geboten sein. Ist eine Sache ohne eine Gefährdung des Wohls der Allgemeinheit noch verwertbar und der Besitzer auch konkret in der Lage, diese Sache einer sinnvollen wirtschaftlichen (Wieder-) Verwendung zuzuführen, handelt es sich nicht um Abfall, sondern um ein Wirtschaftsgut.[22]

Hieraus folgt, daß allein die Stoffgefährlichkeit einer Sache nicht zur Bejahung des objektiven Abfallbegriffs führen kann. Andererseits führt

---

griffsabgrenzungen Reststoffe, Abfall u. Abwasser wird verwiesen auf R. Breuer, Die Abgrenzung zwischen Abwasserbeseitigung, Abfallbeseitigung und Reststoffverwertung, Heidelberg 1985.

19 A. Oberholz, Wohin mit dem Abfall?, Blick d. d. Wirtschaft vom 03. 01. 1989, S. 4.

20 Gemäß § 13 Abs. (1) AbfG bedarf derjenige der Abfälle aus oder durch den Geltungsbereich des Abfallgesetzes verbringen will der Genehmigung. Ein Abfallexport darf u. a. nur dann genehmigt werden, wenn keine geeigneten Abfallentsorgungsanlagen in der Bundesrepublik Deutschland zur Verfügung stehen; vgl. auch Pkt. 2.1.4.

21 Vgl. Franßen, E., Abfallrecht, in: Salzwedel (Hrsg.) Grundzüge des Umweltrechts, Berlin 1982, S. 409.

22 Siehe hierzu OVG Lüneburg, Beschluß vom 26. 08. 1987, – 7 OVG B 90/87.

auch die Behauptung eines Besitzers einer Sache, er wolle diese Sache noch verwerten, nicht zur Verneinung des Abfallbegriffs. Die entscheidende Frage lautet, ob der Besitzer die beabsichtigte Verwertung konkret nachweisen kann. Somit können durchaus auch wirtschaftliche noch verwertbare Stoffe von u. U. hohem Wert in der Hand eines uneinsichtigen Besitzers eine Gefahr für die Allgemeinheit darstellen, der nur im Wege der geordneten Entsorgung begegnet werden kann.[23]

Für das oben zitierte Beispiel bedeutet dies, daß die Verwertung von Farb- und Lackschlämmen als Wirtschaftsgut sogar anzustreben ist, wenn die jeweilige chemische Zusammensetzung dies zuläßt. Ist dies aufgrund einer bestimmten Beimengung, z. B. infolge eines zu hohen Gehaltes an polychlorierten Biphenylen, nicht möglich, so ist der Farb- und Lackschlamm als Abfall einer geeigneten Abfallentsorgungsanlage zuzuführen.

Neben dieser problematischen Abgrenzung des Abfallbegriffes vom Wirtschaftsgut ist zu beachten, daß eine Reihe von Abfällen vom Abfallgesetz aufgrund sondergesetzlicher Regelungen überhaupt nicht erfaßt werden.[24]

Dies gilt für Tierkörper und verdorbenes Fleisch, soweit sie dem Tierkörperbeseitigungsgesetz unterliegen und dafür kranke Pflanzen sowie seuchenbefallenes Vieh, soweit die einschlägigen Bestimmungen des Pflanzenschutzgesetzes bzw. des Tierseuchengesetzes anzuwenden sind.

Radioaktive Abfälle unterliegen dem Atomgesetz, Abfälle aus Bergbaubetrieben dem Bundesberggesetz.

Das Abfallgesetz bezieht sich auch nicht auf die Abluft sowie auf Abwasser, welches in ein Gewässer oder in eine Abwasseranlage eingeleitet wird; hier greift entweder das Bundes-Immissionsschutzgesetz oder das Wasserrecht ein.

2.1.3 Zulassung von Abfallentsorgungsanlagen

Das Abfallgesetz sieht in § 7 Abs. 1 sowohl für die Errichtung als auch für den Betrieb einer ortsfesten Abfallentsorgungsanlage ein Zulassungserfordernis vor. Die Behörden sollen im Wege der Präventivkontrolle prüfen können, ob im konkreten Einzelfall die Voraussetzungen einer umweltgerechten Abfallentsorgungsanlage gegeben sind.

Primär hat der Gesetzgeber für die Zulassung ein Planfeststellungsverfahren vorgesehen. Die Vorgehensweise ist gerechtfertigt, da durch die Ent-

---

23 OVG Berlin, Natur und Recht, 1981, S. 102.

24 Vgl. § 1 Abs. 3 AbfG.

scheidung über Standort, Verfahren und Anlagetechnik eine Entsorgungsanlage die Beurteilung einer Vielzahl von Faktoren erforderlich wird und in der Regel ein größerer Personenkreis beeinträchtigt oder begünstigt wird.[25]

Aufgrund seiner Verfahrenskonzentration bietet ein solches Planfeststellungsverfahren am ehesten die Gewähr, die Vielzahl der Interessen umfassend zu berücksichtigen, abzuwägen und auszugleichen.[26]

Das Planfeststellungsverfahren gliedert sich in drei Abschnitte: die Planaufstellung durch den Träger des Vorhabens, das mit der Einreichung des Plans bei der Anhörung eröffnete Anhörungs- u. Erörterungsverfahren (§ 79 VwVfG) und das Verfahren über die Feststellung des Plans (§ 74 VwVfG).

Anstelle des Planfeststellungsverfahrens kann auf Antrag oder von Amts wegen ein Genehmigungsverfahren durchgeführt werden, wenn das Vorhaben die Errichtung und den Betrieb einer unbedeutenden Abfallentsorgungsanlage betrifft oder wenn mit Einwendungen nicht zu rechnen ist. Durch die Entscheidung für die Plangenehmigung soll das Verfahren vereinfacht und beschleunigt werden.

Da Plangenehmigungen im Unterschied zu Planfeststellungen keine Konzentrationswirkungen haben, müssen vor der Realisierung des Vorhabens jedoch auch die nach anderen Gesetzen erforderlichen Erlaubnisse / Genehmigungen eingeholt werden.[27]

Die Formulierung des § 7 Abs. 2 erlaubt ein Plangenehmigungsverfahren in drei alternativen Fallgestaltungen:

1. für die Errichtung und den Betrieb unbedeutender Anlagen,
2. für die wesentliche Änderung einer Anlage oder ihres Betriebes,
3. für Vorhaben, bei denen mit Einwendungen nicht zu rechnen ist.

Die Fallgestaltung 3 hat nur Bedeutung für die Errichtung/oder den Betrieb von bedeutenden Anlagen. Bei größeren Sonderabfallentsorgungsanlagen läuft diese Regelung letztlich leer, da aufgrund der mangelnden Akzeptanz solcher Anlagen in der Bevölkerung grundsätzlich mit Einwendungen zu rechnen ist. Die letzte größere Sonderabfallentsorgungsanlage, die in Niedersachsen aufgrund einer Plangenehmigung in Betrieb ging, war die

25 Vgl. Kunig, P. / Schwermer, G. / Versteyl, L.-A., Abfallgesetz, RdNr. 19 § 7.

26 Das abfallrechtliche Planfeststellungsverfahren war ursprünglich in den §§ 20 – 29 AbfG geregelt, die im wesentlichen den Vorschriften der §§ 72 – 78 VwVfG entsprechen. Diese Bestimmungen sind durch das 1. Gesetz zur Bereinigung des Verwaltungsverfahrensrechts vom 18. 02. 1986 aufgehoben worden.

27 Siehe hierzu: OVG Münster, Neue Zeitschrift für Verwaltungsrecht 1988, S. 179.

Sonderabfalldeponie Münchehagen. Danach sind für Anlagen solcher Art nur Planfeststellungsverfahren durchgeführt worden. Eine Sonderabfallentsorgungsanlage, wie z. B. eine Sonderabfallverbrennungsanlage oder eine Deponie wird in der Regel auch keine unbedeutende Anlage sein.

Der § 7 Abs. 2 AbfG hat daher im Hinblick auf Sonderabfallentsorgungsanlagen höchstens hinsichtlich der Genehmigung von wesentliche Änderungen eine Anlage oder ihres Betriebes einer Bedeutung.[28]

Die zuständige Behörde als Planfeststellungs- und Anhörungsbehörde sowie als Plangenehmigungsbehörde ist in Niedersachsen in der Regel die Bezirksregierung. Soweit die Anlagen der Bergaufsicht unterliegen, ist das Oberbergamt in Clausthal-Zellerfeld die zuständige Planfeststellungs-, Anhörungs- und Plangenehmigungsbehörde.[29]

Soweit ein Plangenehmigungsverfahren durchgeführt werden soll, ist bei nach § 4 BImSchG genehmigungsbedürftigen Anlagen die Gewerbeaufsichtsverwaltung Plangenehmigungsbehörde, da gemäß § 13 BImSchG die emissionsschutzrechtliche Genehmigung andere behördliche Entscheidungen mit einschließt. Welche Behörde der Gewerbeaufsichtsverwaltung das Verfahren im einzelnen führt, ergibt sich aus der Verordnung über die Regelung von Zuständigkeiten im Gewerbe- und Arbeitsschutzrecht sowie in anderen Rechtsgebieten.[30]

2.1.4 Überwachung der Abfallentsorgung

Die zahlreichen Vorschriften der Abfallgesetzgebung können ihre umweltschützende Wirkung nur entfalten, wenn sichergestellt ist, daß ihre Einhaltung überwacht und durch wirksame Kontrollmechanismen abgesichert werden. Das Abfallgesetz des Bundes enthält hierfür spezielle Vorschriften in den §§ 11 – 13.

Nach § 11 Abs. 1 AbfG unterliegen alle Phasen der Abfallentsorgung der Überwachung durch die zuständige Behörde. Dies bedeutet, daß nicht nur die Besitzer von Abfällen, die Inhaber von Abfallbeseitigungsanlagen, mit dem Einsammeln und Befördern von Abfällen befaßte natürliche und juristische Person des Privatrechts, sondern auch die gem. § 3 Abs. 2 Satz 1 AbfG zur Entsorgung verpflichteten Körperschaften und die von ihnen ge-

[28] Zum Begriff der wesentlichen Änderung s. Kunig, Schwermer, Versteyl; Abfallgesetz, Kommentar, 1988, Rd.Nr. 12 zu § 7.

[29] Siehe § 5 Abs. 1 und Abs. 3 – Abs. 5 Nds.AG AbfG.

[30] Zust.VO GeWAR 85 vom 29. Mai 1985, Nieders. GVBl. S. 119, zuletzt geändert durch Verordnung vom 17. März 1987, Nieders. GVBl. S. 55.

mäß § 3 Abs. 2 Satz 2 AbfG eingeschalteten Dritten, der Überwachung unterliegen.

In § 5 des Nieders. Ausführungsgesetzes[31] wird diese Überwachungsaufgabe den Landkreisen und kreisfreien Städten übertragen. Soweit die Landkreise und kreisfreien Städte allerdings selbst als entsorgungspflichtige Körperschaften in eigener Sache beteiligt sind, wird die Überwachungsaufgabe von den Bezirksregierungen wahrgenommen.

Von besonderer Bedeutung für das Verständnis der weiteren Begriffsdefinitionen sind die in § 11 Abs. 2 und Abs. 3 AbfG geregelten verschiedenen Nachweispflichten der Abfallbesitzer. Gemäß § 11 Abs. 3 AbfG sind die Erzeuger, Einsammler oder Beförderer und Entsorger von Abfällen i. S. des § 2 Abs. 2 AbfG unmittelbar kraft Gesetzes verpflichtet,

- ein Nachweisbuch zu führen,
- Belege vorzulegen,
- der zuständigen Behörde anzuzeigen, daß bei ihnen die gesetzlichen Voraussetzungen für die besondere Nachweisführung erfüllt sind.

Abfälle nach § 2 Abs. 2 AbfG sind Abfälle aus gewerblichen oder sonstigen wirtschaftlichen Unternehmen, die nach Art, Beschaffenheit oder Menge, gesundheits-, luft- oder wassergefährdend explosiv oder brennbar sind.[32]

Wie der gem. § 11 Abs. 3 AbfG verlangte Nachweis über den Verbleib der Abfälle zu führen ist, ist im einzelnen in der Abfallnachweis-Verordnung des Bundes geregelt.[33]

Nach der Abfallnachweisverordnung ist der Nachweis über Art, Menge und Entsorgung von Abfällen mit der Hilfe eines speziellen Begleitscheinverfahrens zu führen.[34] Für jede Abfallart ist ein gesonderter Satz von Begleitscheinen zu verwenden, der aus 6 Blättern besteht.

Der Abfallerzeuger hat das Blatt 2 jedes Begleitscheinsatzes, der Abfallentsorger das Blatt 4 jedes Begleitscheinsatzes unverzüglich an die jeweils zuständige Behörde zur Überprüfung zuzusenden. In Niedersachsen übersenden die Behörden nach Abschluß der Prüfung die Begleitscheinausfertigungen zu einer abschließenden automatisierten Datenerfassung und Prü-

---

31 Nds. AG AbfG vom 9. 4. 1973, GVBl. S. 109, geändert durch Gesetz vom 19. 12. 1980, GVBl. S. 499.

32 Siehe hierzu Pkt. 2.1.5 mit näheren Erläuterungen.

33 AbfG NachwV v. 2. Juni 1978, BGBl. I S. 668; mit Datum vom 22. 12. 1988 hat der Bundesminister für Umwelt, Naturschutz und Reaktorsicherheit einen Verordnungsentwurf zur Novellierung der Abfallnachweis-Verordnung vorgelegt.

34 Siehe § 1 u. § 2 AbfG NachwV.

fung an das Niedersächsische Landesamt für Wasserwirtschaft in Hildesheim.

Nach § 11 Abs. 2 AbfG kann die zuständige Behörde darüber hinaus die Besitzer solcher Abfälle, die nicht oder nur unter besonderen Vorkehrungen zusammen mit den in Haushaltungen anfallenden Abfällen entsorgt werden, durch Verwaltungsakt verpflichten

- Nachweis über Art, Menge und Entsorgung der Abfälle zu erbringen (allgemeine Nachweisführung),
- ein Nachweisbuch zu führen,
- Belege einzubehalten und aufzubewahren und Nachweisbücher und Belege zur Prüfung vorzulegen (besondere Nachweisführung).

Eine solche Anordnung steht im Ermessen der Überwachungsbehörde. Sie kann den Nachweis daher auch nur für bestimmte Abfälle oder allein bezüglich eines Nachweismittels anordnen. In Niedersachsen sind die Abfälle, die i. d. R. solchen Pflichten nach § 11 Abs. 2 AbfG unterliegen in Anlage 2 des Erlasses vom 12.12.1979 mit einem besonderen Kreuz gekennzeichnet.[35]

Durch diesen Erlaß ist in Niedersachsen eine relativ gleichmäßige Ermessensausübung der unteren Abfallbehörden bei der Erfassung solcher Abfälle mit besonderer Nachweisführung gewährleistet.

Im Normalfall wird die untere Abfallbehörde auch bei diesen Abfällen die Einrichtung und Führung eines Nachweisbuches verlangen. Eine solche Auflage fällt in den Anwendungsbereich der Abfallnachweis-Verordnung (§ 1 Abs. 2 Satz 1), so daß dann ebenfalls das Begleitscheinverfahren durchzuführen ist. Aufgrund ihres Ermessens kann die untere Abfallbehörde im Einzelfall auch mündlich oder schriftliche Auskünfte verlangen – z. B. über die chemische Zusammensetzung und deren Eigenschaften – und sich Unterlagen (Rechnungen, Frachtbriefe u. a.) vorlegen lassen.[36]

Nach § 11 Abs. 3 Satz 5 AbfG kann die Überwachungsbehörde auf Antrag oder von Amts wegen Besitzer gefährlicher Abfälle von der Pflicht zur Führung eines Nachweisbuches oder der Vorlage von Belegen freistellen, wenn dadurch eine Beeinträchtigung des Wohls der Allgemeinheit nicht zu

---

[35] Siehe Erlaß:
Überwachung der Abfallbeseitigung nach § 11 Abfallbeseitigungsgesetz und nach der Abfallnachweis-Verordnung; Gem.RdErl.d.ML,d.MI,d.MS u.d.MW v. 12. 12. 1979, Nds. Mbl. 1980 S. 63 ff; die Abfälle nach § 2 Abs. 2 AbfG sind durch Fettdruck der Abfallschlüssel hervorgehoben.

[36] Vgl. Uhlendorf, H.-J., Das geltende Abfallrecht in Niedersachsen, Praxis der Gemeindeverwaltung, Loseblatt, (Hrsg.), S. 43.

befürchten ist. Eine Freistellung kommt insbesondere dann in Betracht, wenn die Abfälle nur in geringen Mengen anfallen und in ihrer Zusammensetzung konsistent sind.[37]

Um eine ordnungsgemäße Abfallentsorgung zu gewährleisten, ist es ferner erforderlich, daß die Behörden diejenigen Personen und Betriebe auf ihre fachlichen, technischen und persönlichen Voraussetzungen überprüfen können, die Abfälle einsammeln und befördern. Hier bietet der § 12 AbfG eine Rechtsgrundlage, der eine Einsammlungs- und Beförderungsgenehmigung für die Unternehmen vorsieht, die gewerbsmäßig oder im Rahmen wirtschaftlicher Betätigungen Abfälle einsammeln. Ungeeignete Personen oder Betriebe können damit von dem gefahrträchtigen und zu Unkorrektheit führenden Umgang mit Abfällen ausgeschlossen werden. Anlaß für diese Regelung waren Vorfälle während des Gesetzgebungsverfahrens, bei denen gewerbliche Abfälle von gesundheitsgefährdender Zusammensetzung von Beförderungsunternehmen nicht in für solche Stoffe zugelassene oder geeignete Anlagen gebracht, sondern wild abgekippt wurden.[38]

Gewerbsmäßig erfolgt das Einsammeln und Befördern, wenn es sich um eine der Gewinnerzielung dienende und auf eine gewisse Dauer hin angelegte selbständige Tätigkeit handelt; es wird im Rahmen wirtschaftlicher Unternehmen vorgenommen, wenn es, ohne selbst der Gewinnerzielung zu dienen, für eigene Zwecke eines Gewerbebetriebes oder eines Güter des wirtschaftlichen Bedarfs erzeugenden öffentlichen Unternehmens erfolgt. Letzteres ist praktisch nur der Fall, wenn das Unternehmen seine eigenen Abfälle zur Abfallentsorgungsanlage bringt, der Abfallbesitzer also zugleich auch der Abfallbeförderer ist.

Grundsätzlich ist festzustellen, daß die Vorschriften des Abfallgesetzes der Bundesrepublik Deutschland strenger sind als die der Nachbarländer. Daher besteht eine Tendenz der Erzeuger, ihre Abfälle ins Ausland zu verbringen. Um zu verhindern, daß durch solche Exporte die Abfallgesetzgebung unterlaufen wird, enthält der § 13 Abs. 1 AbfG einen Genehmigungsvorbehalt für grenzüberschreitende Abfalltransporte. Das Verbringen von Abfällen ins Ausland ist u. a. nur möglich, wenn

- keine geeignete Abfallentsorgungsanlage in der Bundesrepublik Deutschland zur Verfügung steht,
- vom Antragsteller amtliche Erklärungen erbracht werden, daß die Abfälle im Empfängerstaat ordnungsgemäß entsorgt werden können,

[37] Vgl. Franßen, E; Abfallrecht in: Salzwedel (Hrsg.) Grundzüge des Umweltrechts, Berlin 1982, S. 451.

[38] Siehe: Hösel, G. / Lersner, H. von, Kommentar zum Gesetz über die Beseitigung von Abfällen, in: Handbuch Recht der Abfallbeseitigung, Berlin 1972, 1220, RdNr. 3.

- keine Beeinträchtigung des Wohls der Allgemeinheit innerhalb der Bundesrepublik Deutschland zu besorgen ist.

Damit dieser Vorbehalt greift, muß es sich aber tatsächlich um einen Abfall handeln. Ist der Abfallbegriff nicht erfüllt, weil es sich um ein Wirtschaftsgut handelt, so entfällt der Genehmigungsvorbehalt (s. Pkt. 2.1.2).[39]

2.1.5 Definition und Abgrenzung des Sonderabfallbegriffs

Das Abfallgesetz des Bundes enthält keine Legaldefinition für den Begriff Sonderabfall. Bei den Verhandlungen über das Änderungsgesetz vom 21.06.1976 wählte der Bundestag auf Vorschlag der Bundesregierung den Begriff Sonderabfälle i. S. des § 2 Abs. 2 AbfG. Dies sind Abfälle aus gewerblichen oder sonstigen wirtschaftlichen Unternehmen, die nach Art, Beschaffenheit oder Menge gesundheits-, luft- oder wassergefährdend, explosiv oder brennbar sind. Näher bestimmt sind diese Abfälle in einer Bundesverordnung nach § 2 Abs. 2 vom 24. Mai 1977.[40]

Da der Bundesrat diese Definition ablehnte, wurde nach dem Vorschlag des Vermittlungsausschusses auf die Bezeichnung der Abfälle nach § 2 Abs. 2 ganz verzichtet.[41]

Auch bei der Verabschiedung des neuen Gesetzes über die Vermeidung und Entsorgung von Abfällen vom 27. August 1986[42] ist es dem Bundesgesetzgeber nicht gelungen, einen Sonderabfallbegriff zu verankern.

Ein erneuter Vorstoß der Bundesregierung auf diesem Bereich wurde mit dem Entwurf zur Novellierung der Verordnung zur Bestimmung von Abfällen nach § 2 Abs. 2 AbfG unternommen. Der Entwurf sieht vor, die Abfälle dieser Verordnung als Sonderabfälle zu definieren.[43]

Dieser Vorstoß stößt auf heftigen Widerstand der Länder, die aus Wortlaut und Entstehungsgeschichte des § 2 Abs. 2 AbfG den Bundesverordnungsgeber nicht ermächtigt sehen, den bisher vom Bundesgesetzgeber vermiedenen Begriff „Sonderabfälle" nunmehr gewissermaßen durch die Hintertür einzuführen. Damit besteht z. Z. die Situation, daß der Begriff „Sonderabfall" in den Bundesländern, in Praxis und Literatur sehr unterschied-

---

[39] Zur Problematik der Abgrenzung Wirtschaftsgut vom Abfall siehe Abschnitt 2.1.2.

[40] BGBl. I S. 773.

[41] Vgl. Hösel, G., Lersner, H. von, Kommentar zum Gesetz über die Beseitigung von Abfällen in: Handbuch Recht der Abfallbeseitigung, Berlin 1972, 1120, RdNr. 29.

[42] BGBl. I S. 1410.

[43] Entwurf einer Verordnung zur Bestimmung von Abfällen. (Sonderabfallbestimmungs-VO), BR-Drs. 357/89.

lich definiert und verstanden wird. Er ist förmlich dem freien Spiel von Landesgesetzgebern, Wissenschaft, Praxis, Politik und Öffentlichkeit überlassen, die jeweils unterschiedliche Definitionen benutzen, so daß oft Mißverständnisse in der Diskussion auf verschiedene „Sonderabfallbegriffe" zurückzuführen sind. Eine klare und einheitliche Definition ist unerläßlich.

Der Ausgangspunkt der juristischen Diskussion für eine Abgrenzung der Sonderabfälle gem. § 2 Abs. 2 AbfG heranzuziehen, ist teilweise mittlerweile verlassen worden. Die in jüngerer Zeit novellierten Abfallgesetze der Länder Hessen, Rheinland-Pfalz und Saarland definieren Sonderabfälle als alle die Abfälle, die nicht zusammen mit Hausmüll beseitigt werden können und deshalb nach § 3 Abs. 3 AbfG auszuschließen sind, also „gesondert" zu beseitigen sind.[44]

Diese Definitionen führen zu einer erheblichen Ausweitung des Sonderabfallbegriffes und beinhalten folgende Probleme:

- Neben den Gefährdungsaspekten tritt zunehmend der Mengenaspekt in den Vordergrund, da § 3 Abs. 3 AbfG auch den Ausschluß von Abfällen der Menge wegen vorsieht.
- Mengenmäßige zwar relevante Industrieabfälle, die aber lediglich ein begrenztes Gefährdungspotential haben, werden dem Sonderabfall zugerechnet.
- Da der Ausschluß von Abfällen nach § 3 Abs. 3 AbfG von den unteren Abfallbehörden – in Niedersachsen sind dies die Landkreise – aufgrund des unterschiedlichen technischen Standes der zentralen Hausmülldeponien unterschiedliche beantragt worden ist, würde ein solcher Sonderabfallbegriff sehr unscharf werden. Abfälle, die in dem einen Landkreis nach § 3 Abs. 3 ausgeschlossen sind, können in einem anderen Landkreis auf der Hausmülldeponie deponiert werden.

Ausgehend von der stoffbezogenen Ausrichtung des Abfallrechts wird daher als Grundlage für die weitere Arbeit ein engerer Sonderabfallbegriff angestrebt. Es sollen nur die Abfälle erfaßt werden, bei denen im besonderen Maße von gefährlichen Abfällen gesprochen werden kann. Abfälle, die nur wegen ihrer Menge ein Entsorgungsproblem darstellen, sollen im weiteren nicht als Sonderabfall bezeichnet werden. Dieser Ansatz ist auch weitgehend deckungsgleich mit dem oft in Politik und Medien verwendeten Begriff „Giftmüll". Auch hier wird eine besondere Gefährlichkeit des Abfalles unterstellt.

---

[44] Andere Auffassungen schlagen vor, von „nicht beseitigbaren Gewerbemüll" zu sprechen. Vgl. Kloepfer, M., Gewerbemüllbeseitigung durch Private – Zulässigkeit und Grenzen der Beseitigung von Gewerbeabfällen durch Private-, Verwaltungsarchiv 70, 1979, S. 195 ff.

Insbesondere schützt eine enge Abgrenzung des Sonderabfallbegriffs auch vor „Verständigungsschwierigkeiten" zwischen Verwaltung und den interessierten Kreisen aus der Bevölkerung. Die Praxis der Verwaltung, den Begriff nur aus organisatorischen Gründen auch auf relativ harmlose ausgeschlossene Abfälle auszudehnen, führt in dem Dialog mit den Bürgern zu Mißverständnissen, die sich nur schwer ausräumen lassen.

Als Ansatzpunkt für eine enge Auslegung des Sonderabfallbegriffs bietet sich der § 2 Abs. 2 des Abfallgesetzes an. Allerdings ist die auf dieser Grundlage erlassene Verordnung des Bundes z. Z. noch nicht umfassend genug.[45] Es gibt zahlreiche gefährliche Abfälle, die von dieser Verordnung noch nicht erfaßt sind.

Der hier im weiteren verwendete Sonderabfallbegriff geht daher von dem in Pkt. 2.1.4 erläuterten Erlaß „Überwachung der Abfallbeseitigung nach § 11 AbfG und nach der Abfallnachweisverordnung" aus, der gefährliche Abfälle einer Nachweispflicht unterwirft.[46]

Die Abbildung 1 erläutert graphisch das Verhältnis der bisher verwendeten Abfallbegriffe zueinander. Die Abfälle nach § 2 Abs. 2 des Abfallgesetzes sind eine Teilmenge des hier definierten Sonderabfallbegriffes, da sie auf jeden Fall gemäß § 11 Abs. 3 AbfG der Nachweispflicht unterliegen. Der definierte Sonderabfallbegriff geht aber über den Umfang der Abfälle nach § 2 Abs. 2 AbfG hinaus, da er mehr Abfälle umfaßt, als die derzeit gültige Verordnung.[47]

Gleichzeitig besitzt der definierte Sonderabfallbegriff eine Schnittmenge mit den ausgeschlossenen Abfällen nach § 3 Abs. 3 AbfG, da ein großer Teil der hier definierten Sonderabfälle von den zuständigen Körperschaften ausgeschlossen sind. Es sind aber nicht alle der definierten Sonderabfälle ausgeschlossen, so daß – wie noch gezeigt wird – Sonderabfall auch von den zuständigen Körperschaften entsorgt werden.

Nicht verwechselt werden darf der hier definierte Begriff mit den sogenannten „Sonderabfall-Kleinmengen" aus dem Hausmüll. Hier handelt es

---

[45] Verordnung zur Bestimmung von Abfällen nach § 2 Abs. 2 des AbfG vom 24. 5. 1977, BGBl. I, S. 773; diese Verordnung wird z. Z. novelliert mit dem Ziel, den Abfallkatalog weiter zu fassen, s.o.

[46] Siehe Erlaß: Überwachung der Abfallbeseitigung nach § 11 des Abfallbeseitigungsgesetzes und nach der Abfallnachweis-Verordnung; Gem.RdErl. d. ML, d. MI d. MS u.d. MW v. 12. 12. 1979, Nds. MBl. 1980 S. 63 ff.

[47] Das Rahmenkonzept des Landes Nordrhein-Westfalen zur Planung von Sonderabfallentsorgungsanlagen spricht sich für einen noch engeren Sonderabfallbegriff aus; vgl. Der Minister für Umwelt, Raumordnung und Landwirtschaft des Landes Nordrhein-Westfalen (Hrsg.), Rahmenkonzept zur Planung von Sonderabfallentsorgungsanlagen, Düsseldorf 1989, S. 7.

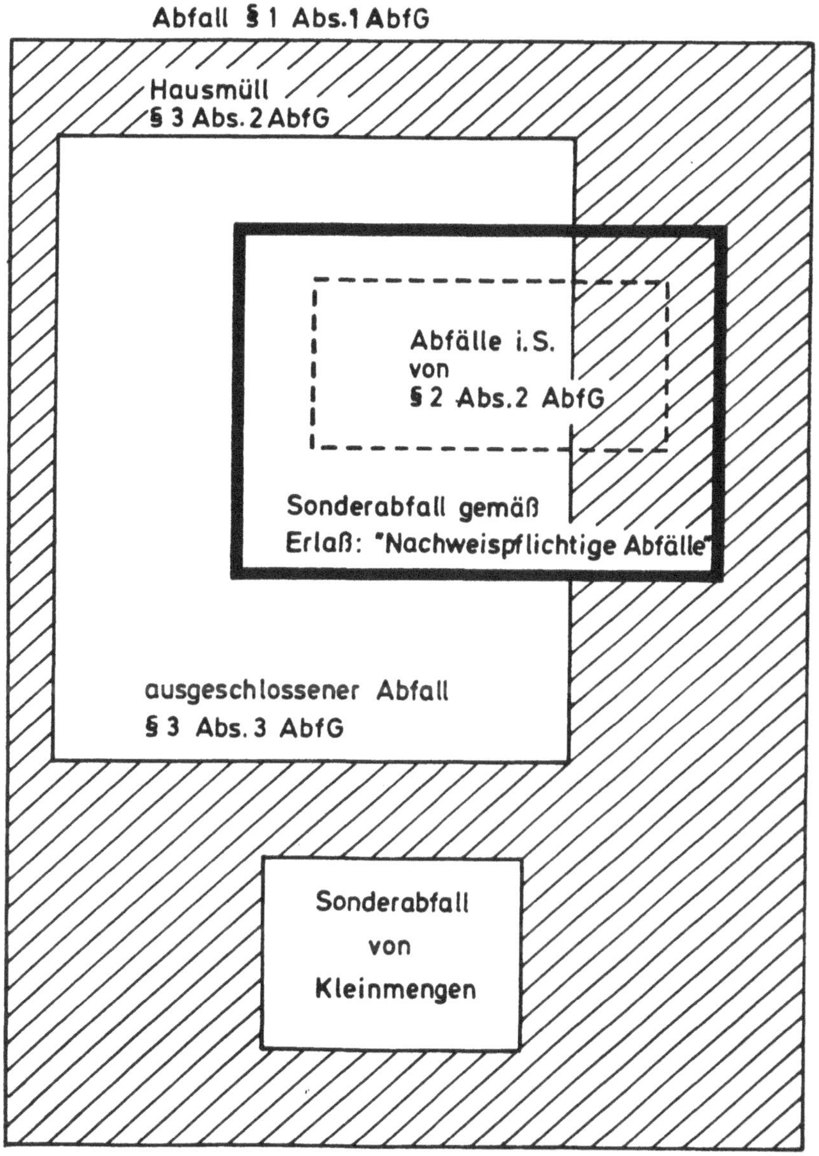

Abb. 1: Graphische Darstellung des Sonderabfallbegriffs im Verhältnis zu anderen Abfallbegriffen

sich um eine Schadstoffentfrachtung des Hausmülls, die die zuständigen Körperschaften neben der normalen Hausmüllentsorgung separat anbieten. Durch separate „Sonderabfallsammlung", die auf die Erfassung von Pflanzenschutzmittelresten, Batterien und Farb- und Lösemittelrückständen der privaten Haushalte abzielen, soll der Hausmüll von Schadstoffen befreit werden. Die hieraus entstehenden „Sondermüllmengen" sind nicht Gegenstand des hier definierten Sonderabfallbegriffes.

2.2 Ermittlung des niedersächsischen Sonderabfallaufkommens

2.2.1 Sonderabfallarten

Der kausale Ansatz des Abfallrechts setzt voraus, daß der Abfallbegriff durch die Nennung von Abfallarten stoffbezogen spezifiziert wird, um das Gesetz vollziehbar zu machen. Auch eine statistische Erhebung über Art und Menge der Abfälle ist ohne die Schaffung von Abfallarten nicht möglich. Um ein Überblick über die Sonderabfallmengen in Niedersachsen zu gewinnen, ist es daher zunächst unerläßlich, auch die Sonderabfallarten spezifisch zu benennen.

Eine Auflistung der Abfälle nach Abfallarten lag bei der Verabschiedung des Abfallgesetzes[48] nicht vor. Der Bund-Länder-Ausschuß „Beseitigung von Sonderabfällen" erarbeitete im Auftrag der Länderarbeitsgemeinschaft Abfall[49] einen Abfallkatalog.[50]

Die Teilmenge des Abfallkatalogs, die nach dem Erlaß vom 11. Januar 1980 in der Regel der Nachweispflicht unterliegt, stellt aufgrund der erfolgten Definition des Sonderabfallbegriffes die Aufschlüsselung des Sonderabfallbegriffes nach Abfallarten dar und ist die Grundlage für die weiteren statistischen Betrachtungen.[51]

Zu beachten ist, daß die Zuordnung der Abfälle im Abfallkatalog zu übergeordneten Sortierbegriffen stufenweise in drei aufeinanderfolgenden systematischen Kategorien erfolgt. Diese Kategorien werden als Untergruppen, Gruppen und Obergruppen bezeichnet.

---

48 Gesetz zur Beseitigung von Abfällen (Abfallbeseitigungsgesetz – AbfG) vom 07.06.1972, BGBl. I S. 873.

49 Arbeitsgemeinschaft der Obersten Abfallbehörden der Länder.

50 Siehe hierzu: Länderarbeitsgemeinschaft Abfallbeseitigung, Informationsschrift Sonderabfälle, Berlin 1975.

51 Vgl. Mantwill, H., aus der Tätigkeit der Länderarbeitsgemeinschaft Abfall, Müll und Abfall 1979, S. 350 ff. und Erlaß: Überwachung der Abfallbeseitigung nach § 11 Abfallbeseitigungsgesetz und nach der Abfallnachweis-Verordnung, Fundstelle siehe Pkt. 2.1.4.

Für die Einordnung der Abfälle in die Untergruppen gilt das Prinzip der Mengenmäßig überwiegenden Stoffkomponente. Dies bedeutet, daß die Abfälle entsprechend den stofflichen Eigenschaften ihres Hauptbestandteiles eingeordnet sind, auch wenn die stofflichen Eigenschaften anderer Bestandteile deutlich hervortreten. Zur zahlenmäßigen Kennzeichnung der Kategorien wird die Dezimalklassifikation angewandt. Die Kategorien sind wie folgt gekennzeichnet:

Oberguppen	(1-stellige Ziffern)
Gruppen	(2-stellige Ziffern)
Untergruppen	(3-stellige Ziffern)

Die Abfallarten einer Untergruppe sind durch fortlaufende Numerierung mit 2-stelligen Ziffern (beginnend mit 01, 02, 03 usw.) gekennzeichnet. In Verbindung mit der numerischen Kennzeichnung der Obergruppen, Gruppen und Untergruppen ergibt sich daraus ein 5-stelliger Zahlenschlüssel für die Sonderabfallarten der Erhebung.[52]

So ist z. B. die Abfallart „Produktionsabfälle von Pflanzenbehandlungs- und Schädlingsbekämpfungsmitteln" in die Obergruppe 5 „Abfälle chemischer Umwandlungs- und Syntheseprodukte" und in die Gruppe 53 „Abfälle von Pflanzenbehandlungs- und Schädlingsbekämpfungsmitteln sowie von pharmazeutischen Erzeugnisse" eingeordnet.

Die Abfallart selbst hat die Untergruppen-Ziffer 104 erhalten, so daß sich als 5-stelliger Abfallschlüssel die Bezeichnung 53 104 ergibt.

Es ist deutlich hervorzuheben, daß bei Abfällen, mit einer größeren Zahl an Stoffkomponenten, deren Anteile darüber hinaus eventuell starken produktionsspezifischen Schwankungen unterliegen, eine eindeutige Einordnung in dieses System erschwert ist. Diese Sachlage führt zwangsläufig zu ungenauen Sammelbezeichnungen. Aber auch die Benennung von Abfällen nach Reinsubstanzen ohne Hinweis auf ihren Abfallcharakter ist nicht unproblematisch, da Abfälle in der Regel keine Reinsubstanzen, sondern Gemische sind. Anzustreben wäre eine Abfallbezeichnung aufgrund einer umfassenden chemischen Analyse. Angesichts des Parameterumfanges einer solchen Analyse steht heute noch kein Ordnungssystem zur Verfügung, das eine Klassifizierung der Abfälle aufgrund einer derartigen Datenmenge erlaubt. Daher ist das gewählte System trotz der aufgezeigten Mängel als das derzeit bestverfügbare anzusehen.

---

52 Siehe hierzu auch den Aufbau der Tabelle 5 des Anhangs.

2.2.2 Methode und Probleme der statistischen Erhebung

Der definierte Sonderabfallbegriff erlaubt eine statistische Ermittlung der Sonderabfallmenge auf der Grundlage von Nachweisen gem.. § 11 AbfG. In Niedersachsen werden die Begleitscheine im Niedersächsischen Landesamt für Wasserwirtschaft (NLW) auf Datenträger gespeichert und stehen damit für eine rechnergestützte Auswertung zur Verfügung. Parallel dazu wurden die nach § 11 AbfG geführten Nachweislisten in die Auswertung einbezogen. Dadurch war es möglich, eine datenmäßige Basis für eine Bilanzierung des Sonderabfallaufkommens der Jahre 1984 – 1987 zu gewinnen.

Bei der erfolgten statistischen Auswertung ist zu berücksichtigen, daß das Datenmaterial vorrangig der Überwachung der Abfallströme und der Abfallbesitzer im Rahmen des Nachweisverfahrens nach § 11 AbfG dient. Mit der Auswertung wird somit in erster Linie das Spektrum der Abfallbesitzer erfaßt, die bestimmte Nachweise, und zwar entweder per Begleitschein oder Liste, nach § 11 Abs. 2 oder 3 AbfG geführt haben. Dabei ist nicht zu umgehen, daß auch Inhalte solcher Begleitscheine berücksichtigt werden, die von Abfallbeförderern ohne jegliche rechtliche Verpflichtung ausgestellt und in Umlauf gebracht werden. Aus praktischen Erwägungen, vor allem im Interesse einer übersichtlichen Buchführung, weigern sich manche Entsorger, Abfälle ohne Begleitscheine entgegenzunehmen. Dieses Vorgehen kann sogar dazu führen, daß mit Hilfe des Begleitscheinverfahrens neben Abfalltransporten auch Transporte von Wirtschaftsgütern (z. B. Fixierbäder) dokumentiert werden. Da ein solches Vorgehen das angegebene Abfallaufkommen vom Ergebnis her in Zweifel ziehen würde, wurden Vorgänge die einen solchen Mißbrauch des Begleitscheinsystems darstellen, nach Möglichkeit herausgefiltert.

Nach § 11 Abs. 3 AbfG besteht eine Anzeige- und Nachweispflicht nur für Besitzer von Abfällen im Sinne von § 2 Abs. 2 AbfG. Der Nachweis über die Art, Menge und Entsorgung dieser Abfälle ist mit Hilfe von Begleitscheinen zu erbringen. Bei Abfällen gem.. § 11 Abs. 2 AbfG können die zuständigen Behörden unterschiedliche Nachweisarten (z. B. Begleitscheine, Listen, Rechnungen, Belege) verlangen. Der zuständigen Behörde steht es frei, für welche Art sie sich entscheidet. Soweit die zuständige Behörde aus Gründen der Verhältnismäßigkeit oder wegen des Verbots der Übermaßregelung die Führung von Nachweisen im Rahmen der kaufmännischen Buchführung angeordnet hat, stehen derartige Nachweise für rechnergestützte Auswertung nicht zur Verfügung. Insofern scheitert die angestrebte systematische Erfassung sämtlicher zum Nachweis verpflichteter Erzeuger und der bei ihnen anfallenden Abfälle im Ermessensspielraum, der § 11 Abs. 2 AbfG den zuständigen Behörden einräumt.

Der Weg der Abfälle von der Erzeugung bis zur Entsorgung ist nicht in jedem Fall transparent. Wenn der einzelne Abfall sowohl tatsächlich als auch rechtlich in seiner Gesamtheit untergeht, sind Doppelzählungen nicht zu vermeiden. Dies trifft insbesondere bei Abfallbehandlungsanlagen zu, wobei überdies die Zugabe von z. B. stabilisierenden Zuschlagstoffen nicht erfaßt werden kann. Andererseits hat die Behandlung z. B. von Ölemulsionsgemischen eine Mengenreduzierung zur Folge. Diese Probleme können dazu führen, daß bei Kontrollberechnungen zwischen dem Sonderabfallaufkommen und den in Anlagen entsorgten Abfällen eine Differenz auftritt.

Sämtliche Angaben wurden in Kubikmeter dimensioniert. Soweit in den Nachweisen lediglich Gewichtsangaben enthalten waren, wurden diese den Volumina im Verhältnis von 1 : 1 gleichgesetzt.[53]

2.2.3 Die Mengenbilanz des Sonderabfallaufkommens in Niedersachsen der Jahre 1984 – 1987

Die rechnergestützte Auswertung der vorhandenen Daten ergibt für die Jahre 1984 bis 1987 folgende Sonderabfallmengen:

Tabelle 1: Sonderabfallaufkommen in Niedersachsen 1984 bis 1987 (m^3)

1984	381 410
1985	356 490
1986	347 800
1987	420 750
Mittel	376 613

Quelle: Ermittelt nach unveröffentlichten Angaben des Niedersächsischen Landesamtes für Wasser und Abfall.

Aufgrund der geringen Zahl der beobachteten Jahre läßt sich ein Trend der Sonderabfallmengenentwicklung nicht belegen. Festzustellen ist allerdings, daß zwischen den Jahren 1986 und 1987 ein Anstieg von rund 73 000 m^3 zu verzeichnen ist. Eine Analyse der Sonderabfallarten ergibt, daß dieser Anstieg im wesentlichen auf eine Zunahme der Abfälle mineralischen Ursprungs (rd. 50 000 m^3) und der Abfälle von Mineralölprodukten aus der Erdölverarbeitung und Kohleveredelung (rd. 25 000 m^3) zurückzu-

[53] 1 t = 1 m^3.

führen ist.[54] Bei der zuletzt genannten Abfallart ist zu beachten, daß infolge des am 1. November 1986 neu in Kraft getretenen Abfallgesetzes auch auf Altöle die Vorschriften dieses Gesetzes Anwendung finden.

Die Zunahme der Abfälle mineralischen Ursprungs dürfte im wesentlichen auf den Wegfall betriebseigener Abfalldeponien, die Auflösung von Zwischenlagern und eine verschärfte Beachtung des Begleitscheinverfahrens zurückzuführen sein.

Wenn auch keine Trendanalyse möglich ist, so erlauben die vorgelegten Zahlen jedoch eine sichere Einschätzung der Abfallmenge, die in Niedersachsen im Mittel überhaupt als Sonderabfall anzusprechen ist. Die durchschnittliche Sonderabfallmenge errechnet sich aufgrund der Erhebung zu rd. 380 000 m^3 pro Jahr. Diese durchschnittliche Menge ist als gering anzusprechen im Verhältnis zu der Gesamtmenge produktionsspezifischer Abfälle der niedersächsischen Gewerbebetriebe; diese wird vom niedersächsischen Landesverwaltungsamt für das Jahr 1984 mit 4,69 Mio. t angegeben.[55] Die ermittelte durchschnittliche Sonderabfallmenge bewegt sich auch in der Größenordnung der Zahlen, die der Rahmenplan Sonderabfallbeseitigung Niedersachsen angibt.[56]

Keine Übereinstimmung besteht mit den Angaben des Nieders. Landesverwaltungsamtes hinsichtlich des Abfallaufkommens an nachweispflichtigen Abfällen, die für das Jahr 1984 mit 591 000 t angegeben werden. Auch wenn die unterschiedlichen Dimensionen der Angaben beachtet werden, ist diese Differenz zu groß. Der Grund hierfür dürfte in erster Linie darin zu suchen sein, daß das Ergebnis des Nieders. Landesverwaltungsamtes auf Befragungen beruht.

Für Zwecke der Umweltplanung werden in regelmäßigen Abständen Bundesstatistiken erhoben.[57]

Auskunftspflichtig sind die Leiter der zur Statistik herangezogenen Betriebe, die Inhaber oder Leiter der Unternehmen, zu denen diese Betriebe gehören und Dritte, deren sich die Inhaber oder Leiter der Unternehmen oder Betriebe bedienen. Im Jahr 1984 waren in diese Befragung 7 517 Betriebe einbezogen. Bei 957 Betrieben (ca. 13 %) wurden bei der Befragung nachweispflichtige Abfälle angegeben.

---

[54] Vgl. Punkt 2.2.4.

[55] Nieders. Landesverwaltungsamt – Statistik, Gewerbliche Abfallbeseitigung 1984, Statistik Niedersachsen, Band 444, Hannover 1984.

[56] Nieders. Minister für Ernährung, Landwirtschaft und Forsten, Rahmenplan Sonderabfallbeseitigung Niedersachsen, Hannover 1985.

[57] Gesetz über Umweltstatistiken in der Fassung der Bekanntmachung vom 14. März 1980, BGBl. S. 311, i. V. mit dem Gesetz über die Statistik für Bundeszwecke (BStatG) vom 14. März 1980, BGBl. I S. 289.

Bei Befragungen ist grundsätzlich aber mit einer höheren Fehlerquote zu rechnen, da die Befragten oft die Abfallproblematik nicht in dem erforderlichen Maße überblicken. Darüber hinaus besteht die Gefahr von Mehrfachzählung, wenn ein und derselbe Sonderfall mehrere Unternehmen durchläuft.

Eine bundesweite Erfassung der Abfall-Begleitscheine für das Jahr 1983 hat das Umweltbundesamt veranlaßt.[58]

Diese Studie leidet im besonderen Maße unter Problemen der Datenerfassung, da das Begleitscheinsystem zu dem damaligen Zeitpunkt noch nicht auf dem heutigen Niveau war. Darüber hinaus enthält die Studie auch systematische Unschärfen.[59] Für Niedersachsen wird die Sonderabfallmenge nach dieser sogenannten Inplus-Erhebung für das Jahr 1983 mit 585 640 t angegeben. Eine Menge, die zumindest von der Größenordnung mit den bisher diskutierten Werten übereinzustimmen scheint und insbesondere sich in der Nähe des Wertes des Niedersächs. Landesverwaltungsamtes bewegt.

Es muß aber berücksichtigt werden, daß in den Werten der Inplus-Erhebung ca. 450 000 t Dünnsäure aus der Titandioxidproduktion enthalten sind. Die Dünnsäure ist ein Massenabfall und ist kein Sonderabfall im Sinne der erarbeiteten Definition und unterliegt auch nicht der Nachweispflicht nach § 11 AbfG. Nimmt man eine entsprechende Korrektur vor, so ergibt die Studie nur eine Abfallmenge von rd. 140 000 t Sonderabfall. Dieser Wert ist eindeutig zu niedrig und weist darauf hin, daß zahlreiche Begleitscheine offenbar nicht von der Inplus-Erhebung erfaßt worden sind.

Im Auftrag des Umweltbundesamtes hat Inplus im August 1988 einen Forschungsbericht als Entwurf über die bundesweite Auswertung der Begleitscheine der Jahre 1984/85 vorgelegt.[60] In diesem Entwurf sind für das Jahr 1985 als nachweispflichtige Sonderabfälle für Niedersachsen eine Menge von rd. 900 000 t angegeben. Allerdings beinhaltet auch diese Menge wiederum die Dünnsäure. Darüber hinaus sind Abfallmengen enthalten, die lediglich wegen ihrer Menge von der Beseitigung ausgeschlossen sind und in betriebseigenen Deponien entsorgt werden. Zieht man diese Mengen von den abgegebenen rd. 900 000 t ab, so kommt man zu einer Menge von rd. 300 000 t und damit zumindest annäherungsweise in die Größenordnung der ermittelten Sonderabfallmenge für Niedersachsen.

---

58 Inplus Informationsverarbeitung für Planung, Umwelt, Statistik, Bundesweite Auswertung der Begleitscheine, Forschungsbericht 10302113/06 Umweltbundesamt (Hrsg.), Berlin 1985.

59 Vgl. ebenda, S. 7.

60 Inplus, Inplus-Informationsverarbeitung für Planung, Umwelt, Statistik, bundesweite Auswertung der Begleitscheine, Forschungsbericht 1003114, Umweltbundesamt, (Hrsg.) Berlin 1988.

In den Tabellen 1 bis 4 des Anhangs wird das mengenmäßige Ergebnis der statistischen Erhebung des Sonderabfallaufkommens der Jahre 1984 – 1987 dargestellt. Gleichzeitig sind die Mengen aufgeführt, die im Rahmen des Länderverbundes an andere Bundesländer abgegeben oder übernommen worden sind.

Von erheblicher Bedeutung für die Mengenbilanz in Niedersachsen sind ferner die Mengen, die in die DDR transportiert werden. Der Aufbau der Tabelle erlaubt somit nicht nur einen Überblick über die in Niedersachsen erzeugten Sonderabfallmengen, sondern auch über die Mengen, die in Niedersachsen entsorgt werden.

Zusammenfassend läßt sich feststellen, daß die genaue Ermittlung von Sonderabfallmengen auf erhebliche Schwierigkeiten stößt. Dies ist nicht nur auf die Abgrenzungsprobleme bei der Definition des Sonderabfallbegriffs, sondern auch auf die außerordentliche Vielzahl von Abfallarten sowie der großen Zahl der Abfallerzeuger und damit verbundener Probleme der Datenerfassung zurückzuführen. Durch die hier durchgeführte Erhebung wird aber deutlich, daß die Sonderabfallmenge in Niedersachsen nicht so groß ist, wie teilweise angenommen. Damit dürfte auch die Sonderabfallmenge, die in einigen Veröffentlichungen für das Bundesgebiet angegeben wird, in Zweifel zu ziehen und zu korrigieren sein.

2.2.4 Das artenspezifische Sonderabfallaufkommen

Die Verknüpfung des Begleitscheinverfahrens mit dem Abfallartenkatalog erlaubt nicht nur eine mengenmäßige Erfassung des gesamten Sonderabfallaufkommens, sondern auf einen Überblick über das mengenmäßige Aufkommen jeder einzelnen Abfallart. In Tabelle 5 des Anhangs ist das Sonderabfallaufkommen in Niedersachsen gegliedert nach Abfallarten in den Jahren 1984 bis 1987 dargestellt. Da hier nicht die mengenmäßige Entwicklung jeder einzelnen Abfallart diskutiert werden kann, soll schwerpunktmäßig die Entwicklung einzelner wichtiger Abfallarten bzw. -gruppen angesprochen werden.

Zunächst wird die Gruppe der Farbmittel und Anstriche mit den einzelnen Abfallarten

55 501	Lackierereiabfälle
55 502	Altlacke, Altfarben
55 503	Lack- und Farbschlamm
55 507	Farbmittel
55 508	Anstreichmittel
55 509	Druckfarbenreste

betrachtet. Die mengenmäßige Summe dieser Abfälle ist im Beobachtungszeitraum, wie folgt, stetig angestiegen:

1984	14.778 m³
1985	18.735 m³
1986	27.494 m³
1987	32.490 m³

Ebenfalls stetig angestiegen ist auch die Menge der mineralölhaltigen Abfälle mit den Untergruppen

544	Emulsionen und Gemische
547	Mineralölschlämme

Es ist folgende Entwicklung feststellbar:

1984	37.985 m³
1985	47.850 m³
1986	57.769 m³
1987	71.693 m³

Bei diesem Anstieg ist allerdings zu beachten, daß, wie bereits erwähnt (s. Pkt. 2.2.3), Altöle seit dem 1. November 1986 nach der Maßgabe der Vorschriften des Abfallgesetzes entsorgt werden. Nach § 5 a Abs. 1 Satz 1 AbfG finden die Vorschriften des Abfallgesetzes auf Altöle auch Anwendung, wenn sie keine Abfälle im Sinne von § 1 Abs. 1 AbfG sind. Das Bedeutet, daß es keine Rolle spielt, ob im Einzelfall ein Altöl bereits Abfall oder noch Wirtschaftsgut ist. Entscheidend ist allein, ob der Altölbegriff erfüllt ist oder nicht.

Bei dieser Festlegung ging der Gesetzgeber davon aus, daß Altöle jeder Art im erheblichen Maße umweltgefährdend sein können; der Umgang mit ihnen soll daher der abfallrechtlichen Überwachung unterliegen, die je nach Art der Entsorgung unterschiedlich ausgestaltet ist.[61]

In der Praxis bedeutet dies, daß zur Nachweisführung nach §§ 11 Abs. 2 AbfG Einsammler und Beförderer von Altölen sowie Betreiber von Verwertungs- und Entsorgungsbetrieben zur Führung von Nachweisen verpflichtet werden, so daß Altöle im Jahre 1987 verstärkt von der Begleitscheinstatistik erfaßt werden.[62]

61 Siehe Verwaltungsvorschrift zum Vollzug der §§ 5 a, 5 b, 30 des Abfallgesetzes und der Altölverordnung (Altölentsorgung) vom 22. 06. 1989, Nds. MBl. S. 753.

62 Mit dieser Regelung werden Altöle nicht generell zum Abfall erklärt. Ob der Abfallbe-

Eine weitere Abfallgruppe, die von besonderem Interesse ist, sind die lösemittelhaltigen Abfälle. Es handelt sich hier insbesondere um

55 220	halogenhaltige Lösemittelgemische
55 370	halogenfreie Lösemittelgemische
55 401	halogenierte lösemittelhaltige Schlämme

Diese Abfallgruppe hat sich in dem Beobachtungszeitraum wie folgt entwickelt:

1984	48.055 m^3
1985	38.114 m^3
1986	29.888 m^3
1987	25.931 m^3

Diese Abfallgruppe hat sich im Beobachtungszeitraum erheblich reduziert. Diese Entwicklung dürfte hauptsächlich auf die Substitution von Lösemitteln sowie auf den verstärkten Einsatz von Prozeßkreislaufführungen zurückzuführen sein.

Bei allen drei beobachteten Abfallgruppen ist festzustellen, daß sie grundsätzlich nicht durch einfache Ablagerung entsorgt werden können. In der Regel müssen sie zuvor thermisch behandelt werden. In diesem Zusammenhang ist es interessant, die Entwicklung der Abfälle aus Verbrennungs- und Rauchgasreinigungen zu untersuchen. Diese Abfälle stammen überwiegend aus Anlagen, die der Luftreinigung dienen. Es handelt sich insbesondere um

31 399	Abfälle aus der Verbrennung
31 439	mineralische Rückstände aus der Abgasreinigung
31 620/ 31 641	Schlämme aus der Abgasreinigung

Diese Abfallgruppe hat sich im Beobachtungszeitraum wie folgt entwikkelt:

1984	8.772 m^3
1985	11.075 m^3
1986	14.488 m^3
1987	29.449 m^3

griff erfüllt ist, hängt vielmehr weiterhin vom Vorliegen der Voraussetzung von § 1 Abs. 1 AbfG ab. Die nunmehr für Altöle getroffene Regelung macht die bisherigen Auseinandersetzungen zwischen dem Altölbesitzer und der Überwachungsbehörde über die rechtliche Einordnung der jeweiligen Stoffe entbehrlich und verhindert, daß Altöle lediglich durch entsprechende Deklaration der Überwachung nach dem Abfallrecht entzogen werden.

Es ist also eine stark steigende Tendenz festzustellen. Dabei sind noch nicht, die Abfälle dieser Gruppe erfaßt, die in betriebseigenen Deponien abgelagert werden und solche, die noch nicht zur Nachweispflicht durch die unteren Abfallbehörden verpflichtet worden sind.

An diesen wenigen Beispielen wird deutlich, daß zusehends die Abfallentsorgung nicht nur als ein Deponierungsproblem angesehen werden kann, sondern daß vor der Deponierung entsprechende Entsorgungsschritte vorgeschaltet werden müssen, die ihrerseits wieder zu speziellen Entsorgungsproblemen führen können.

2.3 Die regionale Verteilung des Sonderabfallaufkommens in Niedersachsen

Wie erläutert, beruht die Erhebung der anfallenden Sonderabfallmengen auf eine Auswertung der Begleitscheine. Da die Begleitscheine bezogen auf den jeweiligen Landkreis eine regionale Kennung erhalten, ist es möglich, einen Überblick über die regionale Verteilung des Sonderabfallaufkommens in Niedersachsen zu erhalten.

Eine Aufteilung der Sonderabfälle nach Regierungsbezirken ergibt folgendes Bild (s. Tabelle 2).

Tabelle 2: Sonderabfallaufkommen, geordnet nach Regierungsbezirken (m^3)

Regierungsbezirk	1984	1985	1986	1987
Braunschweig	79 180	71 581	74 466	97 952
Hannover	80 851	90 518	91 551	98 053
Lüneburg	46 208	34 689	30 294	40 166
Weser-Ems	107 161	103 077	98 333	129 279

Quelle: Ermittelt nach unveröffentlichten Angaben des Niedersächsischen Landesamtes für Wasser und Abfall.

Das größte Aufkommen ist im Regierungsbezirk Weser-Ems festzustellen. Das durchschnittliche Aufkommen der Regierungsbezirke Hannover und Braunschweig ist mit 90 243 m^3 und 80 795 m^3 deutlich geringer als das durchschnittliche Aufkommen des Bezirkes Weser-Ems mit 109 463 m^3. Allerdings umfaßt der Bezirk Weser-Ems mehr Landkreise als jeweils die Bezirke Hannover und Braunschweig, so daß das spezifische Aufkommen dieser Bezirke höher ist. Der Bezirk Lüneburg weist erheblich weniger Sonderabfall als die übrigen Bezirke auf. Dies dürfte auf die geringe Industrialisierung dieses Bezirkes zurückzuführen sein.

Werden die ermittelten Sonderabfallmengen auf die Beschäftigten pro Bezirk bezogen, so relativiert sich das Bild etwas (s. Tabelle 3). Es bleiben aber Unterschiede, die auf die unterschiedliche Struktur der Sonderabfallerzeuger in den einzelnen Bezirken zurückzuführen sein dürften.[63]

Tabelle 3: Spezifisches Sonderabfallaufkommen pro Beschäftigten im Jahr 1987 (m^3 pro Beschäftigten)

Braunschweig	0,148
Hannover	0,115
Lüneburg	0,087
Weser-Ems	0,164

Im Anhang ist in den Tabellen 7 bis 8 die regionale Verteilung bis auf Landkreisebene gegliedert dargestellt.

Innerhalb der einzelnen Bezirke heben sich die Landkreise und kreisfreien Städte mit Wirtschaftszentren deutlich durch größere Mengen hervor. Im Bezirk Braunschweig sind dies die Städte Braunschweig, Salzgitter, Wolfsburg und Göttingen. Im Bezirk Hannover entstehen in der Stadt Hannover und im Landkreis Hannover mehr als die Hälfte der Sonderabfälle.

Ähnliche Bedeutung weisen die Stadt Osnabrück und der Landkreis Osnabrück für den Regierungsbezirk Weser-Ems auf.

In den einzelnen Landkreisen ist die mengenmäßige Entwicklung während des Beobachtungszeitraumes unterschiedlich und oft von einzelnen Ereignissen geprägt. Der grundsätzliche Anstieg in allen Kreisen im Jahr 1987 ist – ebenso wie auf Bezirksebene – auf die bereits im Abschnitt 2.2.3 dargelegten Gründe zurückzuführen.

[63] Zur Anzahl der Beschäftigten siehe: Nieders. Landesverwaltungsamt – Statistik –, Volks- und Arbeitsstättenzählung 1987, Kreisstatistik Niedersachsen 1987, Teil 3 Arbeitsstätten, Hannover 1989.

Tabelle 4: Aufgliederung des Sonderabfallaufkommens nach Wirtschaftszweigen [m^3] und spezifisches Aufkommen 1987 in m^3 pro Arbeitsplatz

	Wirtschaftszweig	1984	1985	1986	1987	Spez. Aufk.
1	Bergb. u. Energie-, Gaserzeugung, Wassergewinnung	4.262	1.868	1.713	7.327	0,087
2	Chem. Industrie u. Mineralölverarbeitung	64.683	57.901	50.002	54.075	1,790
3	Gewinnung u. Verarbeitung von Steinen und Erden	387	424	444	606	0,022
4	Eisen u. NE-Metall Industrie	20.995	27.188	28.541	39.478	0,851
5	Holzverarbeitung Papier- u. Pappeerzeugung	10.977	17.750	12.504	16.428	0,256
6	Gummi- u. Asbestverarbeitung	2.118	2.488	2.242	2.949	0,065
7	Stahlverformung	3.648	3.908	4.341	4.280	}
8	Stahl- u. Leichtmetallbau, Schienenfahrzeugbau	1.234	1.366	1.629	1.581	} 0.287
9	Maschinen-Fahrzeugbau	87.459	71.780	71.912	69.123	}
10	E-Technik, Feinmechanik	7.995	10.240	11.217	10.346	0,088
11	Metallwarenherstellung u. Herstellung von Musikinstrumenten	4.035	3.136	3.580	4.261	-
12	Feinkeramik und Glasindustrie	1.791	1.889	2.161	2.139	-
13	Holzverarbeitung	2.286	817	1.088	1.494	-
14	Papier und Pappeverarbeitung	4.783	1.454	4.901	14.444	-

	Wirtschaftszweig	1984	1985	1986	1987	Spez. Aufk.
15	Druckerei, Verviel-fältigung	613	582	811	888	-
16	Herstellung von Kunst-stoffwaren	2.622	1.781	2.175	2.855	-
17	Ledererzeugung u. verarbeitung	368	1.693	905	313	-
18	Textil- und Be-bekleidungsgewerbe	4.306	2.565	5.075	6.244	-
19	Ernährungsgewerbe	4.306	2.565	5.075	6.244	-
20	Bau u. Ausbaugewerbe	638	761	1.173	1.853	-
21	Groß- und Einzelhandel	210	358	399	722	-
22	Wäschereien	793	764	1.001	894	-
23	Verkehr	332	535	546	968	
24	Krankenhäuser	1.450	3.848	5.461	6.212	-
25	Behandlungsanlagen	40.631	45.894	51.508	72.027	-
26	Sonstige	43.390	27.907	28.063	42.756	-

Quelle: Ermittelt nach unveröffentlichten Angaben des Niedersächsischen Landesamtes für Wasser und Abfall.

2.4 Struktur der Sonderabfallerzeuger

Insbesondere für Strategien zur Vermeidung und Verminderung von Sonderabfällen ist es von entscheidender Bedeutung zu wissen, in welchen Wirtschaftszweigen bedeutende Mengen an Sonderabfall entstehen. Um diese Frage zu beantworten, wurden die Wirtschaftszweige basierend auf der Systematik der Industrieberichte des Niedersächsischen Landesverwaltungsamtes in 26 Gruppen eingeteilt.

Im Anhang sind in der Tabelle 9 die Gruppen und die zugeordneten Wirtschaftszweige dargestellt. In Tabelle 4 findet sich die ermittelte Verteilung des Sonderabfallaufkommens auf die einzelnen Gruppen. Die Aufgliederung wurde entsprechend dem aufgearbeiteten Datenmaterial für die Jahre 1984 bis 1987 vorgenommen.

Die Tabelle verdeutlicht, daß die Gruppe 2 „Chemische Industrie und Mineralölverarbeitung" und die Gruppe 9 „Maschinen- und Fahrzeugbau" die mit Abstand größten Sonderabfallmengen aufweisen. Bei einem Vergleich der Gruppen untereinander ist allerdings zu berücksichtigen, daß zu den einzelnen Gruppen eine jeweils unterschiedliche Zahl von Betrieben gehört. Daher kann aufgrund einer hohen Mengenangabe für eine Gruppe nicht ohne weiteres auf eine hohe spezifische Sonderabfallmenge des einzelnen Betriebes dieser Gruppe geschlossen werden. In der rechten Spalte sind die Abfallmengen der wichtigsten Wirtschaftzweige in bezug zur Zahl der Beschäftigten aufgeführt.[64] Aufgrund der unterschiedlichen Produktionsstruktur der einzelnen Wirtschaftszweige differieren die Werte erheblich. Eine Ermittlung des spezifischen Abfallaufkommens für alle Wirtschaftszweige war nicht möglich, da die Datenerhebung des Begleitscheinverfahrens nicht deckungsgleich mit der Arbeitsstättenzählung ist.

Bemerkenswert ist, daß bei den genannten Gruppen eine deutliche Abnahme des Abfallaufkommens festzustellen ist. Diese Entwicklung weist auf bereits umgesetzte Vermeidungs- und Verwertungstechniken hin. Die erreichten Reduzierungen in diesen Gruppen sind insbesondere vor dem Hintergrund, daß die Anwendung der Nachweispflicht im Ermittlungszeitraum fortlaufend verschärft worden ist, mit rd. 16 % in der Gruppe 2 und 20 % in der Gruppe 9 erheblich. Der Anstieg in der Gruppe 2 im Jahre 1987 ist auf die bereits im Pkt. 2.2.3 dargelegten Änderungen des neuen Abfallgesetzes für Altöle zurückzuführen.

Die übrigen Gruppen weisen mit Ausnahme der Gruppe 4, 25 und 26 keine Abfallmengen auf, die 20 000 m³ im Jahr überschreiten. Die Sonderabfallproblematik ist daher von wenigen Ausnahmen angesehen, kein branchenspezifisches Problem. Sonderabfälle fallen praktisch in allen Wirtschaftszweigen an. Für diese Aussage spricht auch das relativ hohe Aufkommen bei der Gruppe 26 „Sonstige". In dieser Gruppe sind Einzelerzeuger wie z. B. landwirtschaftliche Betriebe, gewerbliche Kleinbetriebe, Behörden, Post und Privathaushalte erfaßt.

Es ist davon auszugehen, daß in diesen Bereichen mit fortschreitender Verschärfung der Sonderabfallerfassung das Aufkommen noch weiter ansteigt.

Bemerkenswert ist auch das relativ hohe Aufkommen der Gruppe 25. In dieser Gruppe sind Behandlungsanlagen wie z. B. Kläranlagen und Abfallbehandlungsanlagen erfaßt. Das Sonderabfallaufkommen aus dieser Gruppe macht nachdrücklich deutlich, daß Anlagen, die primär dem Umweltschutz

[64] Die Zahl der Beschäftigten wurde entnommen aus: Nieders. Landesverwaltungsamt – Statistik –, Volks- und Arbeitsstättenzählung, Kreisstatistik, Teil 3 Arbeitsstätten, a. a. O.

dienen, auch Sonderabfallerzeuger sein können. Es ist daher davon auszugehen, daß mit Fortschreiten schärferer Umweltauflagen auch zusätzliche Sonderabfallmengen anfallen werden.

3. Problemanalyse der Sonderabfallentsorgung in Niedersachsen

Die Darstellung der abfallwirtschaftlichen Ausgangslage macht deutlich, daß auf dem Gebiet der Sonderabfallentsorgung eine komplexe Problemstruktur besteht. Diese Problemstruktur umfaßt sowohl rechtliche, naturwissenschaftlich-technische wie auch organisatorische und wirtschaftliche Fragestellungen. Die Problembereiche sind nicht völlig unabhängig voneinander, sondern bedingen sich gegenseitig, ein Problembereich zieht zwangsläufig weitere Problembereiche nach sich und diese teilweise auch nicht überschneidungsfrei.[1]

Die wichtigsten Problembereiche, deren Beschreibung als wesentliche Voraussetzung zur Beurteilung des im weiteren Verlauf dargestellten neuen niedersächsischen Konzepts zur Sonderabfallentsorgung anzusehen ist, sollen kurz dargestellt werden. Dies sind das Beseitigungsproblem, das organisatorische und das Altlastenproblem.

3.1 Das technische Beseitigungsproblem

3.1.1 Die Vielstoffproblematik des Abfalls

Alle im Markt befindlichen Produkte werden – wenn auch mit zeitlicher Verzögerung – letztendlich der Abfallentsorgung zugeführt. Diese Produkte bestehen aus einer Vielzahl von Einzelstoffen. Darüber hinaus fallen bei der Herstellung von Einzelstoffen zwangsweise eine sehr große Zahl an Stoffen als Nebenprodukte mit an, die als Abfall entsorgt werden müssen. Bisher sind ca. 6 Millionen Stoffe[2] literaturmäßig benannt und beschrieben, die bei Stoffherstellungen und -verarbeitungen ungezielt und unbeabsichtigt mit hergestellt werden können. Die tatsächliche Zahl der möglichen Stoffe dürfte bedeutend höher liegen. Berücksichtigt man ferner, daß die öffentliche

---

[1] Siehe hierzu auch Simon, W.W., Von der Sonderabfallbeseitigung zur Sonderabfallwirtschaft, Berlin 1982, S. 14 ff.

[2] 5 Millionen Stoffe mit Nummern des Chemical Abstracts Service (CAS); vgl. Hahn, J., Anforderungen an zukünftige Abfallbehandlung und -lagerung, in: Schriftenreihe des Institutes für wassergefährdende Stoffe, Nr. 1/87, S. 13.

Diskussion sich vorwiegend an nicht gezielt hergestellten Stoffgruppen entzündet (z. B. Dioxine, Benzoepyrene, Nitrosamine), so werden die Schwierigkeiten deutlich, die mit der Erstellung eines Abfallartenkataloges verbunden sind.

Angesichts dieser Vielzahl in die Umwelt gelangender synthetischer Stoffe und Produkte aus dem Bereich der Chemie und der sonstigen verarbeitenden Industrie dürfte es auch nur eine Frage der Zeit sein, wann heute noch nicht als umweltrelevant erkannte Substanzen als nächstes Besorgnis in der Öffentlichkeit auslösen werden. In diesem Zusammenhang sind auch die begrenzten Möglichkeiten der chemischen Analytik zu sehen. Gesamtanalysen, die alle organischen Einzelstoffe eines Abfalles erfassen, sind grundsätzlich unmöglich. Der Glykolskandal im Weinbereich hat deutlich gemacht, daß Analytiker im Bereich der organischen Einzelstoffanalytik nur das finden können, was sie suchen. Selbst wenn eine umfassende analytische Charakterisierung eines Abfalles möglich wäre, ist damit noch nicht das Problem der Beurteilung des Gefährdungspotential des Abfalles gelöst. So hat das Auffinden eines in der Fachliteratur nur wenig oder gar nicht beschriebenen Stoffes im Abfall solange keine Konsequenzen, solange seine akute Wirkung und seine Langzeitwirkung auf die Umwelt nicht bekannt ist.[3] Die Umweltrelevanz der polychlorierten Dibenzoedioxine ist nur deswegen nicht verborgen geblieben, weil über diese Substanzklasse – aufgrund zufälliger Chemieunfälle – eine Fülle diesbezüglicher Arbeiten vorhanden waren. Ähnlich detaillierte Untersuchungen liegen jedoch für verhältnismäßig wenige Substanzen vor. Die heutige Wirkungsanalytik kann nur eng definierte Wirkungsausschnitte ermitteln. Darüber hinausmüßten die Testverfahren standardisiert werden, um rechtsmittelfeste Aussagen zu erhalten. Dabei besteht die Gefahr, daß die Testverfahren letztlich realitätsfremd werden. Auch stoßen Analytiker und Biologen hier an eine prinzipielle Grenze ihrer Abbildungsmöglichkeiten, weil sich hollistische Systeme nicht mit eindimensionalen Methoden beschreiben lassen.

Selbst wenn alle Wirkungsdaten vorliegen würden, wären Synergismen und Antagonismen dieser Stoffe unbekannt. Darüber hinaus gibt es eine praktisch unbegrenzte Vielfalt verschiedener Biotope, die durch noch so umfangreiche Wirkungsanalysen in ihrem Lang- und Kurzzeitverhalten prinzipiell niemals abbildbar sein werden.[4]

---

[3] Siehe hierzu: Gesellschaft deutscher Chemiker, Altstoffbeurteilung, ein Beitrag zur Verbesserung der Umwelt, Frankfurt a.M. 1987.

[4] Diese prinzipiell unsichere Situation wurde am konsequentesten von Jürgen Hahn deutlich gemacht, siehe z. B.: Hahn, J., Zur Behandlung von Sonderabfällen, in: Sonderabfall in Nds., Expertenanhörung über Vermeidung, Verminderung, Verwertung und Beseitigung, des Nds. Umweltminister (Hrsg.), 1987, S. 251.

3.1.2 Das Kapazitätsproblem

Die Diskussion über Produktion, Aufkommen und Entsorgung von Sonderabfällen in der Bundesrepublik Deutschland wird aktuell am häufigsten mit dem Schlagwort „Notstand" beleuchtet. Dabei steht nicht das Gefährdungspotential dieser Abfälle im Vordergrund, vielmehr ist das Interesse auf die drohenden Engpässe bei der Entsorgung der Abfälle gerichtet.

Sonderabfalldeponien sind in ihrer Kapazität erschöpft oder stehen häufig wegen früher nicht bekannter Planungsmängel im Sicherheitsbereich vor der Schließung. Aufgrund internationaler Vereinbarungen werden Entsorgungswege wie die Verklappung oder Verbrennung auf Hoher See wegen möglicher Beeinträchtigungen der marinen Umwelt aus Vorsorgegründen unterbunden oder ihre Beendigung in absehbarer Zeit angestrebt.

So sind auf der 11. Jahrestagung der London-Dumping-Konvention am 07. Oktober 1988 mehr als 65 Länder nach mehrtägigen Verhandlungen übereingekommen, ab 1995 die Verbrennung von extrem schädlichen und dauerhaften Abfällen auf der Hohen See zu verbieten.[5] Dies ist ein Kompromiß zwischen der Forderung Dänemarks, bereits ab dem Jahr 1989 diese Art der Abfallentsorgung zu untersagen und der insbesondere von den Vereinigten Staaten und Großbritannien vertretenen Position kein Datum festzulegen.[6]

National sind diese Vereinbarungen in einem sog. 10-Punkte-Programm zum Schutz von Nord- und Ostsee vom Bundesministerium für Umwelt, Naturschutz und Reaktorsicherheit dahingehend konkretisiert, daß die Verbrennung deutscher Abfälle auf See im Jahr 1989 auf 20 000 t bis 25 000 t; im Jahr 1991 auf 15 000 t bis 20 000 t vermindert und die See-Verbrennung spätestens am 31. 12. 1994 eingestellt werden soll.

Zahlreiche Beispiele, in denen Abfälle in die DDR, nach Frankreich , in die Türkei oder in Länder der Dritten Welt verbracht werden, sind sichtbarer Beweis für den Mangel an geeigneten Entsorgungskapazitäten.

Von den 1985 auf Bundesebene erfaßten 5,48 Mio. t nachweispflichtiger Sonderabfälle wurden rd. 2,8 Mio. t (1983 2,4 Mio. t) auf Sonderabfalldeponien abgelagert. Der Anteil der verbrannten Abfälle betrug rd. 0,6 Mio. t (1983 0,4 Mio. t). Chemisch-physikalisch wurden 1985 ca. 0,8 Mio. t gegenüber 0,5 Mio. in 1983 behandelt.[7] Die auf der Hohen See entsorgten Son-

---

5 Zu den London- u. Oslo-Konventionen siehe: Edom, E. / Rapsch, H.-J./Veh, G. M., Reinhaltung des Meeres, Köln 1986.

6 Die Oslo-Kommission sieht ebenfalls für den 31. 12. 1994 eine Beendigung der Verbrennung auf der Hohen See vor. Zur Bedeutung und Funktion der Oslo-Kommission siehe: Edom, E. / Rapsch, H.-J. / Veh, G. M., a.a.O., S. 40 ff.

7 Vgl. Umweltbundesamt, Jahresbericht 1987, Berlin 1988, S. 137.

derabfallmengen verringerten sich von 1,46 Mio. t im Jahr 1983 auf 1,28 Mio. t im Jahr 1985. Dabei handelt es sich überwiegend um die Verklappung von Dünnsäure. Der Anteil der auf Hoher See verbrannten Abfälle stieg im gleichen Zeitraum von 37 000 t auf 53 000 t.[8]. Ins Ausland wurden 1985 etwa 0,7 Mio. t Sonderabfälle verbracht.

Da die Inhaltsstoffe von Abfällen zunehmend kritischer beurteilt werden, werden künftig wesentlich mehr Abfälle einer Sonderabfallentsorgung zugewiesen werden. Darüber hinaus führt die verstärkte Reinigung von Abluft und Abwasser zu einer Zunahme der Sonderabfallmengen, die ordnungsgemäß zu entsorgen sind.[9]

Eine Entspannung dieser Situation ist erst langfristig zu erwarten, wenn infolge einer Verstärkung der unternehmerischen Anstrengungen eine verstärkte Inplementation von Vermeidungs- und Recyclingmaßnahmen sowie Prozeßumstellungen erfolgen.[10] Nach Schätzungen des Umweltbundesamtes werden beispielsweise halogenhaltige Lösemittelabfälle bis zum Jahr 2000 um 70 – 80 % (pro Produktionseinheit und pro Jahr) gegenüber dem Ist-Zustand, Lack- und Farbschlämme um 60 – 70 % reduziert sein. Insgesamt rechnet das Umweltbundesamt mit einem langfristigen Reduzierungspotential für Sonderabfälle von 50 – 60 %.[11] Insofern muß bis zur Jahrtausendwende d. h. bis zum Ablauf der technisch und wirtschaftlich bedingten Vorlauf- und Umstellungszeiten für die großflächige Inplementation von innovativen und integrierten Vermeidungs- und Verwertungstechnologien, weiterhin verstärkt auf Sonderabfallentsorgungsanlagen zurückgegriffen werden.

Selbst wenn es gelingen sollte, die Inplementationsgeschwindigkeit neuer Konzepte des integrierten Umweltschutzes durch wirtschaftliche Anreize und ordnungspolitische Maßnahmen zu beschleunigen, ist es zumindest als Übergangsstrategie erforderlich, höhere Entsorgungskapazitäten bereitzustellen.

Die in Pkt. 2.2.3 ermittelte Mengenbilanz des Sonderabfallaufkommens in Niedersachsen für die Jahre 1984 – 1987 erlaubt in Verbindung mit den Tabellen 1 bis 4 des Anhangs einen Überblick über die Entsorgungskapazitäts-

---

[8] Vgl. Drechsler, W., Abfallverbrennung auf der Nordsee, Entsorgungspraxis, 1989, S. 82.

[9] Vgl. Beschluß der Konzentrierten Aktion Sonderabfallentsorgung der Umweltminister des Bundes, der Länder und der Gewerkschaften sowie der Parteien des Bundestages und der Länder, siehe hierzu: Jaron, A., Konzentrierte Aktion der Sonderabfallentsorgung in Hannover am 21. September 1988, Müll und Abfall, 1988, S. 562.

[10] Vgl. Prognos, Projektskizze technisch-wirtschaftliche Bewertung von Verfahren der Sonderabfallbehandlung und Empfehlungen zur Auswahl, Basel 1987, S. I.

[11] Vgl. Sutter, H., Vermeidung und Verwertung von Sonderabfällen, Grundlagen, Verfahren, Entwicklungstendenzen, Berlin 1987.

situation für Sonderabfall in Niedersachsen. Danach ergibt sich folgendes Bild:

Tabelle 5: Entsorgungssituation in Niedersachsen (Sonderabfallmengen in m³)

	1984	1985	1986	1987
in Nds. angefallen	381.410	356.490	347.800	420.750
in Nds. entsorgt	324.270	264.310	252.420	352.900
außerhalb Nds. entsorgt	57.140	92.180	95.380	67.850

Quelle: Ermittelt nach unveröffentlichten Angaben des Niedersächsischen Landesamtes für Wasser und Abfall.

Die Auswertung macht deutlich, daß in Niedersachsen im Mittel der beobachteten Jahre rd. 78 000 m³ Sonderabfall nicht entsorgt werden können. Der in den Jahren 1985 und 1986 beobachtete hohe Kapazitätsmangel ist auf den Ausfall der Deponie Hoheneggelsen zurückzuführen. Mit der Wiederinbetriebnahme der Deponie im Jahr 1987 entspannte sich die Situation weitgehend.

3.1.3 Struktur der Entsorgungsanlagen

Der technische Standard der in der Bundesrepublik Deutschland vorhandenen Anlagen zur Entsorgung von Sonderabfällen ist sehr unterschiedlich. Überwiegend werden Deponien zur Entsorgung herangezogen. Nach Angaben des Umweltbundesamtes wurden im Jahr 1985 im Bundesdurchschnitt ca. 40 % der Sonderabfälle deponiert.[12] Ausgehend vom technischen Niveau im produktionstechnischen Bereich, wo praktisch die technischen Möglichkeiten geschaffen wurden, sich an jeden Rohstoff, an fast alle Reaktionsbedingungen und Werkstoffeigenschaften anzupassen, sind die Entsorgungsmöglichkeiten als technisch wenig ausgereift anzusehen.[13]

Altlasten zeigen deutlich, daß die Anforderungen an die Technik und an die Qualität der abzulagernden Abfälle offensichtlich ungenügend sind. Bei

---

12 Umweltbundesamt, Jahresbericht 1987, Berlin 1988, S. 137.

13 Vgl. Schenkel, W., Sortiergesellschaft statt Wegwerfgesellschaft, Umweltmarkt von A-Z 1986/87, S. 16 ff.

langzeitiger Betrachtung sind die Baumaterialien für Dichtungen und Installationen, die Funktionsfähigkeit von Dränagen und Grundabdichtungen unzureichend. Es besteht die Forderung nach langfristig pflegeleichten und risikoarmen Lagerungsmöglichkeiten. Es sind Maßnahmen gegen die Umweltemissionen aus den Deponien zu unternehmen, die sich an dem hohen technischen Produktionswissen orientieren und sich nicht damit zufrieden geben, daß eine Abfalldeponierung allein schon eine Umweltschutzmaßnahme sei. Langfristig gesehen muß davon ausgegangen werden, daß alle künstlichen Maßnahmen zur Beherrschung der Emissionen einer Deponie ganz oder zumindest teilweise versagen. Das heißt, daß zu irgendeinem Zeitpunkt der Deponiestandort die Emissionen, die dann von den abgelagerten Abfällen ausgehen, „vertragen" können muß.[14] Diese Forderung bedeutet, daß erheblich mehr Abfälle als bisher zunächst einer geeigneten chemisch-physikalischen oder thermischen Behandlung zuzuführen sind, bevor sie deponiert werden.

Hinsichtlich der Entsorgung der Sonderabfälle besteht somit nicht nur ein quantitatives, sondern auch ein qualitatives Kapazitätsproblem.

Zur Bewertung der Entsorgungsstruktur in Niedersachsen wurde zunächst die Frage untersucht, in welchen Anlagen bzw. Anlagenarten werden die Sonderabfälle entsorgt. Daneben ist ferner von Interesse, wer die Entsorgung durchführt. Ob die Entsorgung von dem Abfallerzeuger selbst in eigenen Anlagen vorgenommen wird oder ob die Entsorgung Dritten übergeben wird.

Entsprechend dieser Fragestellungen wurde zunächst für die Analyse der Entsorgungsstruktur eine Aufgliederung der Abfallentsorgungsanlagen in 8 Entsorgungsmöglichkeiten vorgenommen. Es handelt sich um die Entsorgungsmöglichkeiten:

1. Sonderabfalldeponien (öffentlich-zugänglich)
2. betriebseigene Deponien
3. zentrale Hausmülldeponien
4. thermische Behandlungsanlagen
5. chemisch-physikalische Behandlungsanlagen
6. kombinierte Anlagen
7. Krankenhausabfall-Entsorgungsanlagen
8. Zwischenlager
9. Kläranlagen

Als Sonderabfalldeponien werden dabei solche Deponien angesehen, die speziell zu der Entsorgung von Sonderabfällen Dritter eingerichtet wurden.

[14] Vgl. Stief, K., Das Multibarrierenkonzept als Grundlage von Planung, Bau, Betrieb und Nachsorge von Deponien, Müll und Abfall, 1986, S. 15.

Solche Deponien werden als allgemein zugängliche Sonderabfalldeponien bezeichnet. In Niedersachsen handelt es sich im wesentlichen nur um die Sonderabfalldeponie Hoheneggelsen. Eigentum und Betrieb der Anlage ist im August 1987 von der Dr. Dr. Anton Maier AG auf die Niedersächsische Sonderabfalldeponie Hoheneggelsen mbH übergegangen, die sich zu 74 % im Besitz der Niedersächsischen Gesellschaft zur Endablagerung von Sonderabfall mbH befindet. Im Unterschied zu den allgemein zugänglichen Sonderabfalldeponien dienen die betriebseigenen Deponien nur der Aufnahme der innerhalb eines Betriebes anfallenden Abfälle. Die zugelassenen Abfallarten sind in der Regel unmittelbar durch den jeweiligen Produktionsprozeß bestimmt. In Niedersachsen gibt es derzeit 44 betriebseigene Deponien (s. Anhang, Tabelle 10). Davon sind

10 Deponien in öffentlich-rechtlicher Trägerschaft oder/und nur für Klärschlammablagerung zugelassen
3 Deponien noch nicht in Betrieb.

Von den verbleibenden 31 Deponien sind

15 Deponien sogenannte Mehrkomponentendeponien (d. h. für mehrere Abfallarten zugelassen)
7 Monodeponien für Massenabfälle aus der Produktion (z. B. Rotschlamm aus der Aluminiumherstellung, Jarosit aus der Zinkherstellung)
5 Monodeponien für Flugaschen und Rauchgasreinigungsrückstände (z. B. bei Kraftwerken und Hausmüllverbrennungsanlagen)
4 Monodeponien für sonstige Abfälle (ölverunreinigter Boden, Sandfangrückstände, Bleicherden)

Die thermischen Sonderabfallbehandlungsverfahren werden im allgemeinen folgendermaßen eingeteilt:

- Destillation
- Pyrolyse
- Vergasung
- Verbrennung
- Salzoxidation.[15]

In Niedersachsen stehen nicht alle diese Verfahren anlagenmäßig zur Verfügung. Bei den erfaßten Anlagen handelt es sich im wesentlichen um Abfallverbrennungsanlagen und eine Pyrolyseanlage. Bei den Verbrennungsanlagen sind im Erfassungszeitraum nur kleine Spezialanlagen für

[15] Vgl. Thome-Kozmiensky K.J., Sonderabfallentsorgung, in: derselbe (Hrsg.), Behandlung von Sonderabfällen 1, Berlin 1987, S. 89.

flüssige Sonderabfälle und die Hausmüllverbrennungsanlage Hameln von Bedeutung.

Für die chemisch-physikalische Sonderabfallbehandlung stehen eine Vielzahl von Behandlungsverfahren zur Verfügung. Dabei ist die Eignung eines Verfahrens stets in Abhängigkeit von der Art und Beschaffenheit des jeweiligen Abfalls zu betrachten.

Für die vorliegende Analyse wurden alle in Niedersachsen vorhandenen Anlagen erfaßt, unabhängig davon, ob sie feste, flüssige oder schlammige Abfälle behandeln. Anlagen, die sowohl eine chemisch-physikalische als auch eine thermische Behandlung der Abfälle erlauben, wurden in einer gesonderten Rubrik als kombinierte Anlagen erfaßt. In Niedersachsen ist hier vor allem die Firma Edelhoff in Bramsche bei Osnabrück von Bedeutung, die neben einer chemisch-physikalischen Behandlungsanlage über eine Verbrennungsanlage für flüssige Sonderabfälle (z. B. chlorierte Kohlenwasserstoffe, PCB-haltige Öle, Lösemittel) verfügt.

Gesondert wurden ferner die Abfälle erfaßt, die in Kläranlagen oder in Krankenhausabfallanlagen entsorgt werden. Kläranlagen sind keine Abfallentsorgungsanlagen im Sinne des Abfallgesetzes. Trotzdem wurden diese Anlagen hier berücksichtigt, da in der Vergangenheit wegen der dargestellten Probleme bei der Abgrenzung des Abfallbegriffes im starken Maße Abfallbegleitscheine (z. B. für Deponieabwasser, Fettabscheiderabfälle) auch für solche Stoffe von den Landkreisen gefordert worden, die nicht unter das Abfallgesetz fallen.

Die in der Tabelle 6 dargestellten Auswertung verdeutlicht, daß der größte Teil der Sonderabfälle in Niedersachsen durch Deponien entsorgt wird. In den Jahren 1984, 85 und 86 beträgt dieser Teil weit über 60 %. Im Jahr 1987 tritt eine Reduzierung auf 50 % ein. Diese Reduzierung liegt im wesentlichen an der erläuterten verstärkten Erfassung der Altöle durch das Begleitscheinverfahren in diesem Jahr. An der absoluten Menge deponierungsfähiger Abfälle ist keine wesentliche Änderung festzustellen.

Außerdem ergibt diese Analyse, daß das Rückgrat der Entsorgung in Niedersachsen von den betriebseigenen Deponien gebildet wird. Sie nehmen mehr als 50 % aller in Niedersachsen entsorgten Sonderabfälle und mehr als 65 % der deponierten Sonderabfälle auf. Im Verhältnis zu den vorgenannten Zahlen ist die thermische Behandlung von Sonderabfällen in Niedersachsen von untergeordneter Bedeutung. Im Jahr 1984 sind lediglich 12 % der in Niedersachsen entsorgten Abfälle direkt in einer thermischen oder in einer kombinierten Anlage behandelt worden. Im Jahr 1987 ist bei der thermischen Behandlung ein Anstieg bis auf 20 % zu verzeichnen. Hierbei muß aber berücksichtigt werden, daß in der Sonderabfallerfassung des

Tabelle 6: Struktur der Sonderabfallentsorgungsanlagen in Niedersachsen (Mengen in m^3)

Entsorgungs-möglichkeiten	1984	1985	1986	1987
Sonderabfall deponien	53.980	18.670	710	14.790
betriebseigene Deponien	151.620	133.160	129.830	120.730
zentrale Haus-mülldeponien	36.100	45.300	29.470	45.430
thermische Be-handlungsanlagen	6.950	6.150	11.420	17.650
chemisch-physika-lische Behandlungs-anlagen	20.180	27.150	34.370	91.610
kombinierte Anlagen	33.190	31.300	39.780	52.030
Krankenhausabfall-Entsorgungssanlagen	390	390	510	310
Zwischenlager	1.690	1.890	4.220	13.700
Kläranlagen	20.690	1.290	790	-
Summe	324.790	265.300	251.100	356.250

Quelle: Ermittelt nach unveröffentlichten Angaben des Niedersächsischen Landesamtes für Wasser und Abfall.

Jahres 1987 – wie bereits mehrfach erwähnt – auch die Altöle Eingang gefunden haben.

Diese Altöle sind verstärkt der Verbrennung zugeführt worden. Auch die stark gestiegene Nutzung der chemisch-physikalischen Behandlung sowie die der Zwischenlagerung im Jahr 1987 dürfte auf diese veränderte Erfassung der Sonderabfälle im Rahmen des Begleitscheinverfahrens zurückzuführen sein.

Ohne auf die technischen Details der einzelnen Anlagen einzugehen, wird durch diese Analyse deutlich, daß in Niedersachsen mit einem durchschnittlichen Deponierungsanteil zwischen 50 - 60 % im Vergleich zum

Bundesdurchschnitt (40 % Deponierung) ein erheblicher Mangel an technischen Sonderabfallanlagen zur chemisch-physikalischen und thermischen Behandlung besteht.

3.2 Das Akzeptanzproblem

Bundesweit löst heute nahezu jede Anlagenplanung und Standortauswahl für Abfallentsorgungsanlagen Widerstände in der Bevölkerung aus. Dabei stellt sich das Akzeptanzproblem von Abfallentsorgungsanlagen in größerem Ausmaß zur Zeit vor allem in umweltbelasteten Verdichtungsräumen mit großen Entsorgungsproblemen. Aber auch in noch vergleichweise wenig umweltbelasteten ländlichen Regionen mit wachsenden Entsorgungsengpässen nimmt der Widerstand der Bevölkerung ständig zu. Dabei stehen Anlagen zur Sonderabfallentsorgung noch bedeutend stärkere Hemmnisse gegenüber, als sie bereits Behandlungsanlagen für kommunalen Abfall entgegenstehen.[16]

Träger von Widerständen gegen die Anlagenplanung ist bundesweit in erster Linie die Bevölkerung in der Nähe des geplanten Standortes. Nahezu jede Planung führt heute bei den in irgendeiner Form betroffenen bzw. sich betroffen fühlenden Bürgern zu massiven Widerständen gegen ihre Realisierung. Im Vergleich dazu fallen Planungswiderstände von Seiten der Träger konkurrierender öffentlicher Belange weniger ins Gewicht. Doch erwachsen der Abfallentsorgungsplanung zunehmende Durchsetzungsprobleme auch von seiten konkurrierender öffentlicher Belange und hierbei vor allem von seiten der Wasserwirtschaft und Landespflege/Naturschutz.

Ferner ist festzustellen, daß offenbar ein Zusammenhang zwischen der räumlichen Dimension der Abfallentsorgungsplanung und dem Ausmaß an Standortdurchsetzungsproblemen besteht. Aus der tendenziellen Zentralisierung von Entsorgungsanlagen bzw. der Ausweitung ihrer Einzugsbereiche erwachsen bei der Standortwahl und Durchsetzung dieser Anlagen besondere Widerstände, da es die Bevölkerung in der näheren Umgebung solcher Anlagen ablehnt, für den Abfall anderer Regionen Entsorgungsanlagen vorzuhalten.[17]

Auch besteht offenbar ein Zusammenhang zwischen der Intensität der Widerstände gegen eine Anlage bzw. einen Standort und dem jeweils ge-

---

[16] Vgl. Prognos, Technisch-wirtschaftliche Bewertung von Verfahren der Sonderabfallbehandlung und Empfehlungen zur Auswahl, Basel 1987, S. 4.

[17] Vgl. Prognos, „Standortwahl und -durchsetzung von Abfallbeseitigungsanlagen", in: Raumordnung und Abfallbeseitigung, Schriftenreihe 06 des Bundesministers für Raumordnung, Bauwesen und Städtebau, Bonn 1987.

wählten Entsorgungsverfahren. So erweist sich in Niedersachsen die Technologie der Müllverbrennung als besonders umstritten, gefolgt von der Deponierung von Abfall und der organischen Fraktion aus dem gemischt gesammelten Hausmüll.[18]

„Akzeptanz" kann als Ergebnis eines Abwägungsprozesses gedeutet werden, indem auch kognitive und emotionale Faktoren wirksam sind. Ein Beispiel dafür ist die Nutzenbeurteilung der Risikoeinschätzung nicht nach allgemein gültigen intersubjektiv geltenden Kriterien vollzogen.[19]

Durch eine früh einsetzende Bürgerbeteiligung kann aber die substanzielle Qualität der Entscheidungsprozesse der Betroffenen verbessert werden, so daß möglicherweise die Akzeptanz einer behördlichen oder betrieblichen Entscheidung zunimmt.

Trotzdem ist in der Regel davon aus zugehen, daß gegen ein Planfeststellungsbeschluß einer Sonderabfallentsorgungsanlage Klage erhoben wird. Da Verfahrenslängen für Planfeststellungsbeschlüsse immer länger werden, ist mittlerweile mit erheblichen Zeitspannen zwischen der Beantragung einer Anlage bis zur Inbetriebnahme zu rechnen. So ist z. B. die Erweiterung der Sonderabfalldeponie Hoheneggelsen Ende 1983 beantragt worden. Am 14. 10. 1985 wurde die Planfeststellung mit sofortiger Vollziehung erteilt.

Der Beschluß wurde beklagt und die aufschiebende Wirkung der Klage am 21. 02. 1986 durch OVG Lüneburg wieder hergestellt. Nach einer Ergänzung des Planfeststellungsbeschlusses durch die Bezirksregierung Hannover wurde die aufschiebende Wirkung am 07. 08. 1986 durch das OVG Lüneburg wieder beseitigt.[20] Die Entscheidung in der Hauptsache steht noch aus.

Nach Fertigstellung der Einlagerungspolder konnte der Betrieb der Deponie im Sommer 1987 wieder aufgenommen werden. Die Folge dieser Verzögerungen war ein erheblicher Entsorgungsengpaß in Niedersachsen mit der Konsequenz, daß die Abfälle stärker in andere Bundesländer, nach Schönberg (DDR) und in das Ausland verbracht wurden.[21]

---

18 Zum selben Ergebnis kommt auch die o.g. Prognos-Studie.

19 Vgl. Noeke, J.; Timm, J., Sonderabfall, Altlasten und Öffentlichkeit, Abfallwirtschaftsjournal, 1989, S. 24.

20 Vgl. Nieders. Umweltminister, Pressemitteilung, 2/86 v. 8. 8. 1986.

21 Vgl. Pkt. 3.1.2, Tabelle 4.

3.3 Das organisatorische Problem

3.3.1 Die ordnungspolitische Gestaltung der Sonderabfallentsorgung

Bei der Erarbeitung des Abfallbeseitigungsgesetzes Anfang der 70er Jahre hatte der Referentenentwurf zunächst auch Regelungen über eine einheitliche rechtliche Organisation der Sonderabfallentsorgung zum Ziel.[22] Der Entwurf sah eine gesetzliche Zwangsmitgliedschaft der Sonderabfallerzeuger in regionalen Sonderabfallbeseitigungsverbänden als Körperschaften des öffentlichen Rechts vor.

Dabei wurde auch eine Beteiligung der primär entsorgungspflichtigen Körperschaften sowie ein privatwirtschaftlicher Bundesverband als Spitzenorganisation der regionalen Verbände erwogen. Nach den Vorstellungen diese Entwurfes sollte jeder Sonderabfallbeseitigungsverband zur Beseitigung aller nach § 3 Abs. 3 ausgeschlossenen Abfälle seines Verbandsgebietes verpflichtet sein.

Die Sonderabfallerzeuger hätten als Zwangsmitglieder diesem Verband ihre Abfälle überlassen müssen. Zur Sicherstellung eines überregionalen Verbundes waren für den Bundesverband die Koordinierung aller Tätigkeiten der regionalen Verbände vorgesehen. Bei der Beratung des Gesetzentwurfes hatten die Bundesländer sowohl hinsichtlich der Rechtsform als auch der Trägerschaftsfrage erhebliche abweichende Auffassungen über die zweckmäßigste Lösung, so daß eine solche bundeseinheitliche Lösung nicht durchgesetzt werden konnte.[23]

Darüber hinaus bestanden und bestehen überhaupt grundsätzliche Bedenken gegen einen staatlichen Eingriff in die Sonderabfallentsorgung, da die zentrale staatliche Steuerung der Entsorgung aller Sonderabfälle zu einem erheblichen Aufwand und zu schwer lösbaren Kommunikations- und Organisationsproblemen führen kann.[24] Daneben wurden und werden wirtschaftspolitische Argumente angeführt und die Auffassung vertreten, daß entsprechend der liberalen Ausgestaltung unserer Wirtschaft der Staat aufgrund des Subsidiaritätsprinzips nur in den Markt eingreifen sollte, wenn es zwingend erforderlich ist.[25]

---

[22] Vgl. Deutscher Bundestag, 6. Anhörung des Innenausschusses zu Fragen des Umweltschutzes, Prot. Nr. 64, 1971.

[23] Vgl. Hösel / v. Lersner, Kommentar zum Gesetz über Beseitigung von Abfällen, in: Handbuch Recht der Abfallbeseitigung, Berlin 1972, 1030 RdNr. 26.

[24] Vgl. Nato-Umweltausschuß, Pilotstudie „Beseitigung gefährlicher Abfälle", Unterprojekt: Organisation der Beseitigung gefährlicher Abfälle, Bundesminister des Innern, (Hrsg.), Bonn 1977, S. 54; und Mertens, B., Sonderabfallbeseitigung in Nordrhein-Westfalen, in: Handbuch Müll und Abfall, KZ Nr. 8063, Lfg IX/80.

[25] Vgl. Bundesamt für Umweltschutz (Hrsg.), Trägerschaftsformen für Anlagen zur Sonderabfallentsorgung, Bern 1988, S. 7.

Ein solches Erfordernis wurde Anfang der 70er Jahre im Sonderabfallbereich noch nicht gesehen. Da es sich bei den Sonderabfällen überwiegend um produktionsspezifische Rückstände handelt, wurde ferner darauf hingewiesen, daß die privaten Unternehmen ohnehin die besten Informationen und Kenntnisse über die genaue Zusammensetzung der Abfälle und ihrer geeigneten Entsorgung besitzen. Teilweise wurde und wird darüber hinaus die Auffassung vertreten, daß das Verursacherprinzip nur eingehalten wird, wenn die Sonderabfallerzeuger selbst die Entsorgung übernehmen.[26]

Im Ergebnis führte diese Diskussion zu der heutigen bundesrechtlichen Ausgangslage, wonach in der Regel zur Entsorgung der Sonderabfälle gemäß § 3 Abs. 4 AbfG der Besitzer verpflichtet ist.[27]

Diese bundesrechtliche Regelung läßt allerdings den Ländern einen Spielraum, eine Organisationsregelung vorzunehmen. So können die Länder im Rahmen ihrer Organisationsgewalt ihre Verwaltung nach Art, Umfang und Leistungsvermögen entsprechend den Anforderungen sachgerechter Erledigung der sich aus den Bundesgesetzen ergebenen Aufgaben einrichten.[28]

Diese Organisationsgewalt schließt, wenn auch in gewissen Grenzen, das Recht zur Errichtung von Körperschaften oder Anstalten des öffentlichen Rechts unter Aufsicht des Landes ein.[29]

Eine weitere Möglichkeit des Landes, auf dem Gebiet der Sonderabfallentsorgung direkt Einfluß zu nehmen, stellt die Gründung eines entsprechenden Unternehmens durch das Land dar. Die Haushaltsordnungen der Länder sehen diese Möglichkeit vor, wenn ein wichtiges Interesse des Landes vorliegt und der angestrebte Zweck sich nicht besser und wirtschaftlicher auf andere Weise erreichen läßt.[30]

Damit stehen den Ländern bei der ordnungspolitischen Ausgestaltung der Organisation der Sonderabfallentsorgung drei sich in ihrer Grundform ausschließenden Gestaltungsformen zur Verfügung:[31]

---

26 Vgl. Matthiesens Kampf gegen den Müll – Zur Entsorgung giftiger Abfälle sollen die Verursacher verpflichtet werden –, Frankfurter Allgemeine Zeitung vom 25. 07. 1989.

27 Bei der hier verwendeten Definition des Sonderabfallabfallbegriffs kann in Ausnahmefällen ein Sonderabfall kein ausgeschlossener Abfall nach § 3 Abs. 3 AbfG sein, so daß die zuständige Körperschaft entsorgungspflichtig ist; vgl. 2.1.5 und Abb. 1.

28 Vgl. BVerfGE 55, 274 = DVBl. 1981, S. 139.

29 Vgl. Neumann, H., Die vorläufige Niedersächsische Verfassung, Handkommentar, Stuttgart 1987, § 29 RdNr. 1.

30 Vgl. § 65 Nieders. Landeshaushaltsordnung (LHO), Nds. GVBl. 7. April 1972, S. 181, Änderungsgesetz vom 25. 02. 1979, GVBl. S. 70.

31 Vgl. Jung, G., Organisationsmodelle zur Entsorgung von Abfällen aus Gewerbe und Industrie, in: Handbuch Müll und Abfall, Lfg. 1/87 S. 1.

- Beibehaltung der bundesrechtlichen Regelung, d. h. Organisation der Sonderabfallentsorgung in rein privatrechtlicher Form,
- Verstaatlichung der Entsorgung durch Heranziehung bestehender oder Bildung zusätzlicher öffentlicher Träger,
- Übertragung der Entsorgung privatwirtschaftlichen Träger mit Landesbeteiligung.

Um den relativ starren Rahmen des jeweiligen ordnungspolitischen Ansatzes aufzuweichen, finden sich in der Praxis sehr oft Mischformen, die versuchen, die Vorteile der Grundform zu verbinden und/oder die Nachteile zu mildern. Darüber hinaus werden die jeweiligen ordnungspolitischen Ansätze in einzelnen Ländern mit einem Anschluß- und Benutzungszwang kombiniert, so daß eine Vielzahl von Regelungsansätzen zu finden ist.[32]

3.3.2 Organisationsmodelle der einzelnen Bundesländer

Bei einer Analyse der Organisationsmodelle in den einzelnen Bundesländern ist festzustellen, daß auch in den Fällen, wo auch ein staatlicher Eingriff durch die Länder erfolgt ist, die Träger der Sonderabfallentsorgung überwiegend privatrechtlich organisiert sind.

Eine Ausnahme bildet der Zweckverband Sondermüllplätze Mittelfranken (ZVSMM). In diesem öffentlich-rechtlichen Verband haben sich 60 Kommunen im Regierungsbezirk Mittelfranken zusammengeschlossen, um die Entsorgung der nach § 3 Abs. 3 AbfG ausgeschlossenen Abfälle sicherzustellen.

Ein weiteres Sonderabfallentsorgungsunternehmen mit öffentlich-rechtlicher Rechtsform plant das Land Nordrhein-Westfalen. Nach dem derzeitigen Kenntnisstand ist beabsichtigt, einen landesweiten Abfallentsorgungsverband Nordrhein-Westfalen zu gründen. Dieser Verband soll als Körperschaft des öffentlichen Rechts mit Zwangsmitgliedschaft geführt werden. Solche öffentlich-rechtlichen Verbände dürfen nur gegründet werden, um legitime öffentliche Aufgaben wahrnehmen zu lassen. Im Zusammenhang mit der Überprüfung des Gesetzes des Landes Nordrhein-Westfalen über die Gründung des großen Erftverbandes vom 3.6.1958 hat das Bundesverfassungsgericht aber bereits hervorgehoben, daß dabei die Grenzen der Gestaltungsbefugnis des Gesetzgebers sehr weit gesteckt sind.[33]

---

[32] Vgl. Jäger, B., Vereinheitlichung gefragt, Entsorgungskonzepte – bisher zu sehr zugeschnitten auf jedes Bundesland –, Energie, 1988, S. 14.

[33] Vgl. Holtmeier, E. L., Das Nordrhein-Westfalen-Modell. Sonderabfallentsorgung und Altlastensanierung, in: Brandt, E. (Hrsg.), Altlasten, Taunusstein 1988, S. 146.

Träger dieses Verbandes sollen die Eigen- und Fremdentsorger von Sonderabfall sowie die Landkreise und Gemeinden des Landes Nordrhein-Westfalen sein. Dieser Verband soll allgemein zugängliche Entsorgungsanlagen einrichten und betreiben, soweit die rein pivatwirtschaftlich betriebenen Entsorgungsunternehmen nicht selbst diese Anlagen errichten und betreiben. Die bisher rein privatwirtschaftlich organisierte Sonderabfallentsorgung in Nordrhein-Westfalen hat damit eine subsidiäre staatliche Komponente erhalten. Gleichzeitig soll dieser Verband auch Aufgaben der Altlastensanierung wahrnehmen.[34]

Die übrigen Sonderabfallentsorgungsunternehmen in den Bundesländern mit staatlicher Beteiligung sind fast ausschließlich in der Rechtsform der Gesellschaft mit beschränkter Haftung (GmbH) organisiert. Die Trägerschaft ist mitunter weit gestreut. So sind z. B. im Land Bayern an der Gesellschaft zur Beseitigung von Sondermüll GmbH (GSB), die aus historischen Gründen als zweiter staatlicher Sonderabfallentsorger in Bayern tätig ist, der Freistaat Bayern, die kommunalen Spitzenverbände sowie Unternehmen der gewerblichen Wirtschaft und die Bayerische Landesanstalt für Aufbaufinanzierung beteiligt.

An der Gesellschaft zur Beseitigung von Sonderabfällen in Baden-Württemberg ist ebenfalls das Land beteiligt, die Privatwirtschaft und der Städte- und Landkreistag. Bei beiden der vorgenannten Gesellschaftern besitzen die Länder mit mehr als 75 % der Anteile einen dominierenden Einfluß.[35]

Eine stärkere Beteiligung der Wirtschaft findet sich in dem Land Hessen. An der Hessischen Industriemüll GmbH (HIM) ist das Land lediglich mit 30 % beteiligt, während rd. 70 % von der hessischen Wirtschaft gehalten werden. Eine rein öffentlich-rechtliche Trägerschaft liegt bei der Gesellschaft zur Beseitigung von Sonderabfällen mbH (GBS) vor. An dieser Gesellschaft mit Sitz in Kiel sind jeweils das Land Schleswig-Holstein und die Freie und Hansestadt Hamburg mit 50 % beteiligt.

In den Ländern Bayern, Hessen und Saarland ist darüber hinaus ein Anschluß- und Benutzungszwang an die staatliche bzw. halbstaatliche Sonderabfallentsorgung eingeführt worden. So müssen in Bayern die Besitzer von Sonderabfällen diese zu Sammelstellen bringen, die entweder von dem Zweckverband Sondermüllplätze Mittelfranken (ZVSMM) oder der Gesellschaft zur Beseitigung von Sondermüll in Bayern mbH (GSB) betrieben werden. Diese Bestimmung gilt allerdings nicht für Sonderabfälle, die in zu-

[34] Siehe hierzu auch die kurze Darstellung zum Lizenzmodell des Landes Nordrhein-Westfalen im Pkt. 3.4.4.2.

[35] Gemäß § 53 Abs. 2 GmbH-Gesetz bedürfen Satzungsänderungen einer Dreiviertelmehrheit.

gelassenen betriebseigenen Anlagen beseitigt oder privatwirtschaftlich betriebenen Wiederverwertungsanlagen behandelt werden. Ferner können sowohl die GSB als auch der ZVSMM gewisse Sonderabfälle von dem Anschluß- und Benutzungszwang ausschließen.

In Hessen besteht abgesehen von krankenhausspezifischen Abfällen, für die wie in Bayern eine besondere Regelung getroffen wird, eine strikte Anschluß- und Benutzungspflicht für sämtliche Sonderabfälle zur 1974 gegründete Hessischen Industriemüll GmbH (HIM). Diese Gesellschaft ist ihrerseits zur Übernahme aller Abfälle verpflichtet.

Im Gegensatz zu Bayern und Hessen, wo die krankenhausspezifischen Abfälle von der Regelung für Sonderabfälle nicht erfaßt werden, wird in Schleswig-Holstein gerade für diese Abfallart ein strenger Anschluß- und Benutzungszwang an bestimmte zentrale Klinik-Müll Verbrennungsanlagen ausgeübt. Demgegenüber sind die Anlagen zur Behandlung von Sonderabfällen aus Industrie und Gewerbe, sofern sie behördlich zugelassen sind, für die Abfallbesitzer oder -entsorger frei wählbar.

Seit Inkrafttreten des saarländischen Abfallgesetzes am 01. 01. 1988 ist für die Sonderabfallentsorgung ein öffentlich-rechtlicher Träger, die Sonderabfallentsorgung Saar GmbH (SES) zuständig, deren Gesellschaftsanteile sich zu 51 % in den Händen des Landes und zu 49 % derzeit bei der Saarberg-Fernwärmegesellschaft – einer 100 %igen Tochter der Saarbergwerke AG (75 % Bund, 25 % Saarland) – befinden. Die Besitzer haben ihre Sonderabfälle der SES kostenpflichtig zu überlassen; die SES ist verpflichtet, die ihr überlassenen Abfälle anzunehmen.

Eine Übersicht über die Träger- und Rechtsform für Anlagen zur Abfallentsorgung in den einzelnen Bundesländern findet sich in Tabelle 11 des Anhangs. Dort sind die bedeutendsten Sonderabfallentsorgungsunternehmen der Bundesländer aufgeführt sowie ein Überblick über die prozentuale Trägerschaft und die Rechtsform.

3.4 Das Altlastenproblem

3.4.1 Erläuterung des Altlastenbegriffes

Die Vielstoffproblematik des Abfalles ist in der Vergangenheit nicht erkannt worden, so daß die Deponierung der Abfälle aus heutiger Sicht teil weise in umweltgefährdender Weise vorgenommen ist. Die sich daraus ergebende Umweltproblematik hat sich innerhalb weniger Jahre zu einem wichtigen Handlungsfeld des Umweltschutzes entwickelt, das allgemein als Altlastenproblem bezeichnet wird.

Dieses Problem betrifft die Sonderabfallentsorgung in 3 entscheidenden Bereichen:

Zum einen erschwert das Altlastenproblem die Kapazitätsplanung der Entsorgungsanlagen, da bisher nicht vorgesehen werden kann, in welchem Umfang Altlasten solchen Anlagen zur erneuten Behandlung aus Umweltschutzgründen zugeführt werden müssen. Zweitens verursacht das Altlastenproblem einen Kostendruck, der ggf auf die heutigen Sonderabfallerzeuger abzuwälzen ist und damit nachhaltigen Einfluß auf das Preisgefüge der Sonderabfallentsorgung haben könnte. Drittens kann die Lösung der Altlastenproblematik organisatorische Schritte erfordern, die in die bestehenden oder entstehenden Sonderabfallstrukturen eingreifen.

Der Begriff „Altlasten" ist kein gesetzlich definierter Begriff, sondern umschreibt ein in der umweltpolitischen Diskussion unterschiedlich ausgeformtes Begriffsfeld.[36]

Diese Situation erschwert nicht nur die Verständigung innerhalb der beteiligten Fachdisziplinen, sondern auch den Vergleich der bundesweit ermittelten Erfassungszahlen.

Erstmals spricht das Umweltgutachten des Jahres 1978 von einer Anzahl ungesicherter, alter Ablagerungsplätze mit erheblichen Emissionen, die als „untilgbare Altlast" hingenommen werden müßte.[37]

In der Bodenschutzkonzeption der Bundesregierung des Jahres 1985 heißt es: „Verlassene und stillgelegte Ablagerungsplätze mit kommunalen und gewerblichen Abfällen (Altablagerungen), wilde Ablagerungen, Aufhaldungen und Verfüllungen mit umweltgefährdenden Produktionsrückständen, auch in Verbindung mit Bergematerial und Bauschutt, ehemalige Industriestandorte, Korrosion von Leitungssystemen, defekte Abwasserkanäle, abgelagerte Kampfstoffe, unsachgemäße Lagerung wassergefährdender Stoffe und andere Bodenkontaminationen können sogenannte Altlasten zu Folge haben."[38] Bemerkenswert an dieser Definition ist das weite Spektrum der Vorgänge, die Altlasten zur Folge haben können und daß Bodenkontaminationen nur Altlasten zur Folge haben können, nicht etwa Altlasten sind. Dies bedeutet, daß nur solche Bodenverseuchungen „Altlasten" heißen sollen, die ein bestimmtes relevantes Risiko darstellen. Diese Auffassung wird auch weitgehend von den „Altlastenprogrammen" der Länder geteilt.[39]

---

36 § 11 Abs. 1 Satz 2 AbfG umreißt den Begriff Altlasten zwar inhaltlich, verzichtet aber auf eine Legaldefinition.

37 Vgl. Bundestagsdrucksache 8/1938, S. 215.

38 Vgl. Bundestagsdrucksache 10/2977, S. 28.

39 Vgl. Vorläufige Richtlinien über die Gewährung von Zuwendungen für die Sanierung

Der sehr weit gefaßte gegenständliche Altlastenbegriff der Bodenschutzkonzeption der Bundesregierung wird hingegen nicht von allen Bundesländern geteilt.[40]

Zusammenfassend läßt sich feststellen, daß der Altlastenbegriff im wesentlichen durch drei Merkmale geprägt wird. Es geht

- um Bodenverunreinigungen,
- die durch unterschiedliche Vorgänge – insbesondere durch Altablagerungen – hervorgerufen sind und
- ein relevantes Risiko darstellen.[41]

Eine vierte Begriffskomponente ist vornehmlich in der juristischen Diskussion thematisiert worden, nämlich der Bedeutungsgehalt von „alt".

Aus juristischer Sicht sind die Altlastenfälle in der Regel zugleich Altrechtsfälle.[42]

Die rechtliche Beurteilung der Verantwortlichkeit für Altlasten hängt wesentlich vom Zeitpunkt des Inkrafttretens zweier umweltrechtlicher Spezialgesetze ab, nämlich des Wasserhaushaltsgesetzes (WHG) und des Abfallgesetzes (AbfG). Mit dem Inkrafttreten des WHG (1.3.1960) und besonders einschneidend mit dem Inkrafttreten des AbfG (11.6.1972) sind die Anforderungen an die Behandlung von Abfällen verändert worden.

Für Handlungen, die bis zum 01.03.1960 geschehen sind, weitgehend aber auch für solche, die bis zum 11.06.1972 erfolgten, sind die Landesgesetze zum Schutz der öffentlichen Sicherheit und Ordnung die maßgeblichen Rechtsgrundlagen für eine mögliche Inanspruchnahme von Verursachern der Bodenverunreinigungen.[43]

---

von Altlasten, Anlage 1 (Begriffsbestimmung) des RdErl. des Ministers für Ernährung, Landwirtschaft u. Forsten des Landes Nordrhein-Westfalen vom 14.03. 1985, MBl. NRW 1985, S. 2061.

40 Vgl. Niedersächsisches Landesamt für Wasserwirtschaft (Hrsg.), Altablagerungs- und Altlastenprogramm des Landes Niedersachsen, erster Punkt, Zwischenbericht, Hildesheim 1986,S. 2.

41 Vgl. Henkel, M. J., Altlasten als Rechtsproblem, 1987, S. 333; Minister für Ernährung, Landwirtschaft und Forsten des Landes Nordrhein-Westfalen, Hinweise zur Ermittlung von Altlasten, Düsseldorf 1985, S. 2.

42 Vgl. Breuer, R., Altlasten als Bewährungsprobe der polizeilichen Gefahrenabwehr und des Umweltschutzes, Juristische Schulung, 1986, S. 359.

43 Dies dürfte unstreitig sein; vgl. Koch, H. J., Bodensanierung nach dem Verursacherprinzip, 1985, S. 5 ff.; Kloepfer, M., Die Verantwortlichkeit für Altlasten im öffentlichen Recht, in: Altlasten und Umweltrecht, 1. Trierer Kolloquium zum Umwelt- und Technikrecht vom 20. bis

3.4.2 Stand der Altlastenerfassung

Unabhängig von den verschiedenen Begriffsklärungsversuchen in der wissenschaftlichen Diskussion ist innerhalb der Praxis eine faktische Vereinheitlichung dadurch eingetreten, da sich die Erfassung potentieller Altlasten gegenwärtig im wesentlichen auf zwei Arten von Bodenverunreinigungen konzentriert. Dabei handelt es sich einerseits um eine Ermittlung von Flächen mit Altablagerungen, d. h. um Standorte ehemaliger Abfalldeponien mit kommunalen und gewerblichen Ablagerungen, sowie um die Erfassung von Altstandorten, also um Standorte inzwischen aufgelassener Betriebe, in denen mit umweltgefährdenden Stoffen umgegangen worden ist.[44]

Alle übrigen in den einschlägigen Altlastendefinitionen genannten Quellen von Bodenverunreinigungen werden bislang überhaupt nicht oder nur fallweise erfaßt. Erhebliche Abweichungen bestehen jedoch hinsichtlich des Zeitraumes, welcher den Erfassungsprogramm der Länder zugrunde gelegt wird.

So werden in einigen Bundesländern nur solche als Altlasten erfaßt, die vor dem Inkrafttreten des jeweiligen Landesabfallgesetzes (meist nach 1972) entstanden sind, während andere Bundesländer lediglich darauf abstellen, ob die bodenverunreinigenden Anlagen (Abfalldeponie und Betriebe) inzwischen außer Betrieb sind. Diese unterschiedlichen Zeiträume der Erfassungsprogramme müssen bei einem Vergleich der ermittelten Verdachtsflächen der Bundesländer berücksichtigt werden.

In der Regel sind für die Erfassung der Altlasten die obersten Abfall- oder Wasserbehörden der Bundesländer zuständig. Eine Umfrage unter diesen Behörden ergab, daß insgesamt mehr als 49.000 Verdachtsflächen in der Bundesrepublik Deutschland erfaßt sind. Die Nachfrage ergab auch, daß es sich bei den erfaßten Standorten überwiegend um Flächen mit Altablagerungen handelt (siehe Tabelle 7). Diese ermittelten Zahlen liegen bereits deutlich höher als die, die vor drei Jahren veröffentlicht wurden.[45]

Da die Erfassungsprogramme der Bundesländer sich in einem unterschiedlichen Stadium befinden und überwiegend noch nicht abgeschlossen sind, ist ferner mit einem weiteren Ansteigen dieser Zahlen zu rechnen.

---

22. November 1985, S. 17 ff.; Papier, H.-J.; Altlasten und polizeirechtliche Störerhaftung, Köln, 1985, S. 13.

[44] Vgl. Henkel, M.J., Altlasten in der Bundesrepublik Deutschland, in: Brandt, E. (Hrsg.), Altlasten, Taunusstein 1988, S. 26; u. Baumgarten, J., Zimmermann, H., Mücke, K., Das Altablagerungs- und Altlastenprogramm des Landes Niedersachsen, Wasser und Boden, 1986, S. 497 ff.

[45] Vgl. Franzius, V., Dimension der Altlastenproblematik in der Bundesrepublik Deutschland, Vortrag, gehalten auf dem Fachseminar „Bodensanierung und Grundwasserschutz - Wiedernutzung von Altstandorten", vom 24./25. 9. 1986 in Braunschweig, Tagungsband S. 11.

Tabelle 7: Übersicht über die Verdachtsflächen in der Bundesrepublik Deutschland (Stand: Dez. 1988)

Bundesländer	Zahl	Art der Verunreinigung
Baden-Württemberg	6.500	Altablagerungen
Bayern	5.500	Altablagerungen
Berlin	500	Altablagerungen
Bremen	70	Altablagerungen
Hamburg	2.500	Altablagerungen u. Altstandorte
Hessen	5.400	Altablagerungen u. Altstandorte
Niedersachsen	6.500	Altablagerungen
Nordrhein-Westfalen	11.000	Altablagerungen u. Altstandorte
Rheinland-Pfalz	7.000	Altablagerungen
Saarland	850	Altablagerungen
Schleswig-Holstein	3.000	Altablagerungen
Summe	49.620	

Die ermittelten Verdachtsflächen sind einer Gefährdungsabschätzung zu unterziehen, um die Flächen zu ermitteln, die als Altlasten anzusehen sind.[46]

Dabei ist deutlich herauszustellen, daß die Anzahl der erfaßten Verdachtsflächen noch nichts über die Summe der im Ergebnis umweltgefährdenden Altlasten aussagt. Die zur Beurteilung notwendige Bewertung erfolgt in der Regel in einem zwei- oder mehrstufigen Verfahren.[47]

Der Stand der Bewertungen ist ebenso wie die dargestellte Erfassung der Verdachtsflächen in den einzelnen Bundesländern in einem sehr unter-

46 Vgl. Aurand, K., Gefährdungsabschätzung kontaminierter Verdachtsflächen, in: Altlastensanierung und Entsorgungswirtschaft, Entsorga Schriften 4, 1987, S. 90.

47 Vgl. Irmer, H., Maßstäbe und Grundsätze für die Sanierung, in: Altlastensanierung und Entsorgungswirtschaft Entsorga Schriften 4, 1987, S. 95.

schiedlichen Stadium, während in einigen Bundesländern Verdachtsstandorte erst noch systematisch erfaßt werden, haben andere Bundesländer ihre Verdachtsflächen z. T. schon überprüft und bewertet. Hinsichtlich einer Abschätzung der bundesweit zu erwartenden Anzahl der Altlasten ist daher z. Z. im wesentlichen von Schätzungen auszugehen. Aufgrund von Ergebnissen einzelner Bundesländer, die mit ihren Untersuchungen bereits relativ weit sind, kann man davon ausgehen, daß bundesweit zwischen 1.000 und 1.500 Altlasten sich in der Untersuchungs- oder Sanierungsphase befinden.[48]

In Niedersachsen befinden sich z. Z. zwei Altlasten in der Sanierungsphase – darunter ist auch die Deponie Münchehagen. In welchem Umfang aufgrund dieser und künftiger Sanierungen von Altlasten die Kapazitäten von niedersächsischen Sonderabfallentsorgungsanlagen in Anspruch genommen werden müssen, läßt sich z. Z. noch nicht abschätzen.

3.4.3 Das Finanzierungsproblem

Soweit bei Altlasten bisher Sanierungsmaßnahmen eingeleitet worden sind, wie z. B. bei der Altlast Münchehagen in Niedersachsen, ist deutlich geworden, daß zur Sanierung erhebliche finanzielle Mittel bereitgestellt werden müssen. Bei den notwendigen Sicherungs- oder Sanierungsarbeiten handelt es sich überwiegend um aufwendige Erd- und Grundbauarbeiten oder spezielle Neuentwicklung.[49]

Damit wird deutlich, daß mit dem Altlastenproblem nicht nur ein erhebliches ökologisches, sondern auch ein finanzwirtschaftliches Problem ver bunden ist. Trotz der dargestellten Schwierigkeiten, die Zahl der Altlasten aufgrund der bisher durchgeführten Erhebungen und Bewertungen bundesweit zu ermitteln, sind wiederholt Versuche unternommen worden, den Finanzierungsbedarf für eine Sanierung aller Altlasten zu ermitteln.

Waren die notwendigen Mittel für die nächsten 10 Jahre aufgrund von Informationen über die Altlastenerfassung mit Stand Ende 1985 bereits auf 17 Mrd. DM geschätzt worden, so ergeben neue Schätzungen aufgrund des Erfassungsstandes Februar 1987 bereits einen Ansatz von 22 Mrd. DM.[50]

---

[48] Vgl. Nußbaumer, M., Einkapselungsverfahren, in: Brandt, E. (Hrsg), Altlasten, Taunusstein 1988, S. 95.

[49] Vgl. Wolf, K., Vorstellung des Hamburger Altlastensanierungsfalles Deponie Georgswerder, in: Brandt, E. (Hrsg.), Altlasten, Taunusstein 1988, S. 112.

[50] Vgl. Franzius, V., Schmitt-Tegge, Kosten der Altlastensanierung, in: Abfallwirtschaft in großen Städten, 1986, S. 106-112.

Aufgrund der bisherigen Erfahrungen mit dem schnell anwachsenden Finanzbedarf bei der Sicherung der Altlast Münchehagen und der Tatsache, daß die Altlastenfälle wegen der noch nicht angeschlossenen Erfassung weiter ansteigen werden, dürfte aber auch Schätzungen von ca. 40 Mrd. DM Finanzbedarf als realistisch anzusehen sein. Angesichts der Höhe dieser Schätzung wird deutlich, daß das Altlastenproblem nur bewältigt werden kann, wenn hierfür spezielle Finanzierungsinstrumente entwickelt werden.

3.4.4 Finanzierungsmodelle

Angesichts der bundesweiten Bedeutung der Finanzierung der Altlastensanierung beschäftigten sich bereits erstmals im November 1984 die Umweltminister der Länder und der damals für den Umweltschutz zuständige Bundesinnenminister mit diesem Problem.[51]

Aufgrund des Grades der Umweltgefährdung durch die Altlasten sahen die Umweltminister neben der Notwendigkeit eines gemeinsamen Vorgehens der Regierungen des Bundes und der Länder auch das Erfordernis einer Beteiligung der Industrie an der Bewältigung der Probleme. Der von der Umweltministerkonferenz gefaßte Beschluß wies auf zwei Wege hin, wie die Industrie beteiligt werden sollte. Zum einen sah er die Errichtung eines freiwilligen Solidarfonds durch Branchenabkommen vor, zum anderen – wenn dieser Weg nicht gangbar sein sollte – die Errichtung eines Altlastensanierungsfonds auf gesetzlicher Grundlage. Ein solcher Fonds sollte ggf. auch durch die Einführung einer Abgabe auf bestimmte chemische Ausgangsprodukte in der Industrie sowie auf Sonderabfälle gespeist werden. Diese Abgabenlösung wurde allerdings nicht einstimmig als ggf. zu wählende Alternative auf der Umweltministerkonferenz benannt, denn die Länder Bayern und Niedersachsen meldeten in einer Protokollnotiz grundsätzliche Bedenken gegen diese Variante an.

Damit war die Position der Länder in einer wichtigen Teilfrage hinsichtlich der Altlastenfinanzierung nicht mehr einheitlich geschlossen. Auf der Amtschefkonferenz zur 26. Umweltministerkonferenz am 21. 02. 1986 brach der Konsens zwischen dem Bund und den Ländern dann offensichtlich.

Obwohl von seiten der Privatwirtschaft in den verstrichenen zwei Jahren kein ausreichendes Angebot für einen freiwilligen Solidarfonds auf Bundesebene vorlag, konnten sich die Bundesländer und der Bund nicht einvernehmlich auf einen Folgeschritt einigen.[52]

---

51 Siehe hierzu Protokoll der 23. Sitzung der Umweltministerkonferenz (UMK) am 09.11.1984.

52 Vgl. Davidson, H., Hernring, H-W., Die Hamburger Konzeption zur Finanzierung der Altlastensanierung, in: Brandt, E. (Hrsg.), Altlasten, Taunusstein 1988, S. 155.

Das Ziel, eine einheitliche bundesweite Lösung der Altlastenfinanzierung zu erreichen, wurde dann nochmals von dem Stadtstaat Hamburg im Rahmen einer Bundesratsinitiative verfolgt. Diese Initiative hatte die Schaffung einer bundeseinheitlichen Zwecksteuer als Finanzierungsinstrument zur Altlastensanierung zu Ziel. Als Anknüpfungstatbestände waren die organischen und anorganischen Grundstoffe Chlor, Schwefelsäure, Acethylen, Benzol, Propylen, Blei und Cadmium vorgesehen.[53]

Betroffen wurde durch diesen Vorschlag in erster Linie die chemische Industrie. Bei einem Steueraufschlag von 5 % auf die genannten Grundstoffe wurde mit einem Aufkommen von jährlich 1 Mrd. DM gerechnet.

Der Bundesrat lehnte diese Initiative am 07. 11. 1986 mehrheitlich ab. Damit bestand keine Aussicht auf eine einheitliche bundesweite Lösung des Finanzierungsproblems, und die einzelnen Bundesländer begannen eigene Wege zu gehen.

Zur Zeit existieren in den Bundesländern Rheinland-Pfalz und Nordrhein-Westfalen Finanzierungsmodelle[54] in einem relativ weit fortgeschrittenen Ausführungsstadium, die sich allerdings grundsätzlich unterscheiden und Gegenstand intensiver Diskussionen sind. Sie werden deshalb im weiteren kurz dargestellt.

3.4.4.1 Das Kooperationsmodell des Landes Rheinland-Pfalz

Am 3. 11. 1986 schlossen Vertreter des Landes Rheinland-Pfalz mit der Wirtschaft des Landes ein vertragliches Kooperationsabkommen über ein gemeinsames Vorgehen bei der Sanierung bestehender und künftiger Sonderabfallablagerungen. Bei den Vertragspartnern handelt es sich im einzelnen um das Land, den Landkreis- und den Städtetag Rheinland sowie um die Pfälzische Industrie- und Handelskammer und die Landesvereinigung Rheinland-Pfälzischer Unternehmerverbände. Die Vertragspartner waren bereits Gesellschafter der Gesellschaft zur Beseitigung von Sonderabfall (GBS) und verpflichteten sich in dem Vertrag, die Satzung der Gesellschaft auch auf die Sanierung von Altlasten auszudehnen.

Der für das Sanierungsvorhaben bestimmte Etat der GBS ist in einem Finanzierungsprogramm für jeweils 4 Jahre ausgewiesen und auf höchstens 50

---

[53] Vgl. Bundesratsdrucksache 186/86.

[54] Ein kurzer Überblick über die Planungen der übrigen Länder findet sich im Handelsblatt vom 06. Feb. 1989. Ein ausführlicher Überblick bei: Donner, H. / Oest, W., Finanzierungsmöglichkeiten der Altlastenbehandlung in Niedersachsen, Gutachten im Auftrag des Niedersächsischen Umweltministers, Hannover 1989.

Mio. DM begrenzt. Davon trägt die Wirtschaft 25 Mio. DM. Dieser Betrag kann dabei über einen Zuschlag auf die Entsorgungspreise für die Sonderabfallbeseitigung sowie durch freiwillige Zahlungen Dritter aufgebracht werden.

Dabei ist zu beachten, daß die Kosten der Nachrüstung der Sonderabfalldeponie Gerolsheim in einer Größenordnung von ebenfalls 50 Mio. DM von der Wirtschaft zusätzlich finanziert werden.[55]

In der Präambel des Vertrages ist klargestellt, daß die Mittel nur subsidiär eingesetzt werden, d. h., wenn ein Verursacher nicht feststellbar oder aus rechtlichen oder tatsächlichen Gründen nicht zu den Kosten herangezogen werden kann.[56] Das Modell enthält eine Reihe rechtlicher Probleme, da von der Heranziehung polizeirechtlicher Verantwortlicher abgesehen wird, wenn die „fachgerechte Sanierung" durch einen Beschluß der privaten Gesellschaft zur Beseitigung von Sonderabfall (GBS) abgesichert ist oder wenn Verantwortliche der GBS bereits Zahlungen zum Zwecke der Sanierung des betreffenden Objektes geleistet haben. Ob das auf Eingriffe ausgerichtete Gefahrenabwehrrecht überhaupt Spielräume für eine solche Übereinkunft läßt, ist daher streitig.[57]

Als erstes großes Einzelvorhaben wird derzeit die vom Land Rheinland-Pfalz vor einiger Zeit begonnene Sanierung der Sonderabfalldeponie in Sprendlingen im Rahmen des Kooperationsmodells durchgeführt. Die Wirtschaft hat in gruppeninternen Verhandlungen einen freiwilligen Beitrag der ehemaligen Sonderabfallanlieferer in Höhe von rd. 4 Mio. DM geleistet. Für diese Summe wurden Sanierungsmaßnahmen wie z. B. die Oberflächendichtung und die Einspundung des Deponiekörpers ausgeführt.

3.4.4.2 Lizenzmodell des Landes Nordrhein-Westfalen

Das Modell des Landes Nordrhein-Westfalen beabsichtigt nicht nur die Lösung der Finanzierung des Altlastenproblems, sondern zielt gleichzeitig auch auf eine Sicherstellung der Sonderabfallentsorgung ab, soweit diese nicht von den entsorgungspflichtigen Körperschaften wahrgenommen

[55] Vgl. Strickrodt, B., Kooperationsmodell des Landes Rheinland-Pfalz zur Altlastensanierung, in: Franzius, V., Stegmann, R., Wolf, K., (Hrsg.) Handbuch der Altlastensanierung, Heidelberg 1988, S. 4.

[56] Vgl. Meller, E., Sanierung von Altlasten und deren Finanzierung aus der Sicht der Industrie, in: Altlastensanierung und Entsorgungswirtschaft, Entsorga-Schriften Nr. 4, S. 136.

[57] Vgl. Wagener, H., Kooperation in Rheinland-Pfalz – Ein Modell für die Altlastensanierung? in: Brandt, E., (Hrsg.), Altlasten, Taunusstein 1988, S. 135.

wird.[58] Diese doppelte Zielrichtung soll durch folgendes Instrumentarium sichergestellt werden:

- Behandlung und Ablagerung von Abfällen, die von kreisfreien Städten und Kreisen nicht entsorgt werden, ist nur nach Erteilung einer Lizenz gestattet.[59]
- Für die Lizenz wird ein Linzenzentgeld erhoben, mit dem ein Teil der wirtschaftlichen Vorteile abgeschöpft wird, die mit der Erteilung der Lizenz und der damit eingeräumten Vorrangstellung vor konkurrierenden Bewerbern verbunden sind. Die Lizenzentgelte sollen ein jährliches Aufkommen von ca. 50 Mio. DM nicht wesentlich überschreiten.
- Gründung eines öffentlich-rechtlichen Entsorgungsverbandes, dessen gesetzliche Aufgabe die Schaffung von Sonderabfallentsorgungsanlagen ist, für die sich andere Träger nicht zur Verfügung stellen.[60]

Die Einführung der Lizenz als Berechtigungsvoraussetzung für die Sonderabfallentsorgung und die Erhebung der Lizenzabgabe ist durch eine Ergänzung des Landesabfallgesetzes erfolgt. Die Lizenz kann sowohl öffentlich-rechtlichen oder privaten Entsorgern von Sonderabfall mit eigenen Entsorgungsanlagen, Abfallerzeugern mit betriebseigenen Anlagen als auch dem öffentlich-rechtlichen Verband erteilt werden.

Dieses Entgelt soll von seinem Rechtscharakter her eine rechtlich zulässige Nutzungsgebühr darstellen, die für den Vorteil erhoben werden soll, daß die Lizenznehmer durch Zulassung auf dem Entsorgungsektor die Lizenz wirtschaftlich nutzen können.[61]

Diese Auffassung ist umstritten. Ein Gutachter der Landesregierung des Landes Nordrhein-Westfalen hat die Rechtmäßigkeit bejaht, weil durch das Entgelt ein Vorteil abgeschöpft wird, der den Lizenznehmern entsteht.[62]

Der Gutachter geht davon aus, daß die Lizenznehmer wegen der Lizenzierung und Beschränkung der Zahl der Wettbewerber ohne wettbewerblichen Druck auf dem Entsorgungsmarkt tätig werden können und zudem die

[58] Vgl. Pkt. 3.3.2 und Holtmeyer, E.-L., Das Nordrhein-Westfalen-Modell - Sonderabfallentsorgung und Altlastensanierung, in: Brandt, E. (Hrsg.), Altlasten, Taunusstein 1988, S. 142.

[59] Vgl. Minister für Umwelt, Raumordnung und Landwirtschaft des Landes Nordrhein-Westfalen (Hrsg.), Landesabfallgesetz, August 1988 u. Landesabfallgesetz des Landes Nordrhein-Westfalen vom 21. Juni 1988, § 10 GVBl. NRW, S. 250.

[60] Vgl. Mathiesen, K., Nordrhein-Westfalen-Modell Sonderabfall und Altlasten, in: Altlastensanierung und Entsorgungswirtschaft, Entsorga Schriften 4, S. 121.

[61] Vgl. Schmeken, W., Altlasten-Zuständigkeiten und Finanzierungsmodelle, in: Abfall und Abfallentsorgung, Walprecht, D., (Hrsg.), Bonn 1989, S. 186.

[62] Vgl. Salzwedel, I., Rechtsgutachterliche Stellungnahme zum Nordrhein-Westfalen-Modell: Sonderabfallentsorgung und Altlastensanierung, herausgegeben vom Ministerium für Umwelt, Raumordnung und Landwirtschaft des Landes Nordrhein-Westfalen, o. J.

Garantie haben, daß sie ihr Angebot auch tatsächlich auf dem Markt absetzen können. Das unternehmerische Risiko ist dadurch minimiert, dies alles rechtfertige die Erhebung einer Gebühr.

Andere Gutachter kommen zu einem abweichenden Ergebnis und halten die Lizenzabgabe für rechtswidrig.[63] Die Bedenken dieser Gutachter beruhen vorrangig auf der Sperrwirkung des Art. 72 Abs. 1 des Grundgesetzes und der Unvereinbarkeit mit der Gewerbefreiheit nach § 1 Abs. 1 der Gewerbeordnung. Beide Regelungen lassen danach keinen Spielraum für eine Gesetzeskompetenz des Landes zur Regelung der nach § 3 Abs. 3 AbfG ausgeschlossenen Abfälle. Ferner wird das Lizenzentgelt von seinem Rechtscharakter her als Sonderabgabe gesehen, die zu erheben wegen fehlender Gruppennützigkeit unzulässig ist.

3.4.4.3 Der Modellentwurf des Landes Niedersachsen

Die niedersächsische Landesregierung hat sich noch nicht für ein Altlastenmodell entschieden. Es existiert bisher lediglich ein Modellentwurf, der so gestaltet ist, daß er ohne eine Schaffung oder Änderung von Rechtsnormen zu realisieren ist.[64]

Ausgehend vom Kooperationsprinzip sieht der Entwurf die Gründung einer Altlastenbehandlungsgesellschaft vor, die vom Land, den kommunalen Spitzenverbänden und den Wirtschaftsverbänden zu je 1/3 als Gesellschafter gemeinsam getragen werden soll.

Als Entscheidungsträger wird ein siebenköpfiger Sanierungsausschuß erwogen, in den die drei Gesellschafter je zwei und die Geschäftsführung einen weiteren Vertreter entsenden. Aufgabe dieses Ausschusses ist es, über die Annahme von Sanierungsanträgen der Gebietskörperschaften zu entscheiden. Zur Sicherung der Finanzierung ist folgende Verteilung denkbar:

- die antragstellende Gebietskörperschaft trägt 10-40 % der anfallenden Kosten.
- Die drei Gesellschafter tragen den Restbetrag

[63] Vgl. Friauf, K.H., Verfassungsrechtliche Aspekte des NRW-Modells – Altlastensanierung durch „Lizenzabgaben" auf die Sonderabfallentsorgung, Verfassungsrechtliche Aspekte des Nordrhein-Westfalen-Modells, herausgegeben von der Wirtschaftsvereinigung Eisen- u. Stahlindustrie, 1987.

[64] Dieser Entwurf wurde erarbeitet von Donner, H. / Oest, W., Finanzierungsmöglichkeiten der Altlastenbehandlung in Niedersachsen, Gutachten im Auftrag des Niedersächsischen Umweltministers, Hannover 1989.

– Um auch im Rahmen des Kooperationsprinzips dem Verursacherprinzip ausreichend Rechnung zu tragen, ist der jeweils in Betracht kommende Handlungs- oder Zustandsstörer bis „zur Opfergrenze" zu den Kosten heranzuziehen. Über die Höhe der „Opfergrenze" entscheidet der Sanierungsausschuß separat in jedem Einzelfall.

– Der Finanzierungsbeitrag des Verursachers wird auf die Finanzierungsanteile der antragstellenden Gebietskörperschaft und der Gesellschaft mit je 50 % angerechnet.

Damit die Gesellschafter ihren Anteil aufbringen können, müssen sie über ein geeignetes „Beitragserhebungsverfahren" verfügen. Nach den bisherigen Planungen könnte dieses folgendermaßen geschehen:

– Das Land finanziert seinen Anteil aus Haushaltsmitteln.

– Die Wirtschaftsverbände gründen eine Altlastenausgleichskasse, die aus freiwilligen Aufschlägen auf die Entsorgung von Sonderabfall bzw. aus freiwilligen Zahlungen der Selbstentsorger gespeist wird.

Die Höhe der von der Gesellschaft aufzubringenden maximalen jährlichen Gesamtsumme und die Gesamtlaufzeit werden im Rahmen der Kooperationsabsprache festgelegt.

4. Das neue niedersächsische Konzept der Sonderabfallentsorgung

4.1. Bisherige Entwicklung

In der Zeitspanne vom Inkrafttreten des Abfallbeseitigungsgesetzes des Bundes im Jahre 1972 bis zum Jahre 1985 vertraten die jeweiligen Niedersächsischen Landesregierungen die Auffassung, daß die Entsorgung von Sonderabfällen ausschließlich durch Privatfirmen erfolgen sollte. Es wurde davon ausgegangen, daß sich Privatfirmen schnell und flexibel dem wechselnden Sonderabfallmarkt anpassen.[1]

Diese Vorgehensweise wurde auch als konform mit dem Verursacherprinzip angesehen. Die abfallerzeugende Wirtschaft sollte ihre technischen Verfahren nicht unabhängig von der Schwierigkeit oder Gefährlichkeit der Abfallentsorgung entwickeln und sich diesbezüglich nicht ausschließlich auf den Staat verlassen. Darin, daß der Staat die Möglichkeit hat, vor allem die Sonderabfälle in der Entsorgungspflicht der Erzeuger zu belassen, wurde die Möglichkeit gesehen, daß der Erzeuger gezwungen wird, solche Abfälle entweder selbst schadlos zu beseitigen oder durch Verfahrensänderung dafür zu sorgen, daß diese Form von Abfall gar nicht erst entsteht.[2]

Konsequenterweise beschränkten sich die staatlichen Maßnahmen aufgrund dieser Auffassung auf:

- Lenkungsmaßnahmen (Fachpläne[3] , Förderung von zukunftsorientierten Maßnahmen oder Modellvorhaben).
- Überwachungsmaßnahmen (Transportgenehmigungen, Anlagenüberwachung).

---

1 Vgl. Niedersächsische Landesregierung, Umweltschutz in Niedersachsen 1981/1982, 1981, S. 79. u. Thome-Kozmiensky, K. J., Sonderabfallentsorgung, in: Derselbe (Hrsg.), Behandlung von Sonderabfällen, Berlin 1987, S. 46, u. Pkt. 3.3.1.

2 Vgl. Hösel, G./Lersner, H. von, Kommentar zu Gesetz über die Beseitigung von Abfällen, in: Handbuchrecht der Abfallbeseitigung, Berlin 1972, § 3, Rdnr. 19.

3 Das Abfallgesetz ermöglicht den Ländern, für ihren Bereich Pläne zur Abfallentsorgung nach überörtlichen Gesichtspunkten aufzustellen (§ 6 Abs. 1 AbfG). Solange ein Abfallentsorgungsplan noch nicht aufgestellt ist, sind bestehende Abfallentsorgungsanlagen in einem vorläufigen Plan aufzunehmen. In Niedersachsen ist ein solcher vorläufiger Plan im Rahmen des Kursbuches für Sonderabfälle in Niedersachsen, Bezirksregierung Hannover 1981 erschienen.

Dieser Ansatz, in der Sonderabfallentsorgung das Verursacherprinzip voll zur Geltung zu bringen, entspricht auch grundsätzlich den umweltpolitischen Zielen und dem Grundgedanken der sozialen Marktwirtschaft.[4]

Denn in einer marktwirtschaftlichen Ordnung sollen grundsätzlich alle betrieblichen und außerbetrieblichen Kosten den Produkten oder den Leistungen zugerechnet werden, die die einzelnen Kosten verursachen. Diese Kosten schlagen sich letztlich in den Preisen nieder.[5]

Voraussetzung für das Gelingen einer solchen verursacherorientierten Abfall- und Umweltpolitik ist dabei das Vorhandensein eines ausreichenden Instrumentariums, um der Tendenz der Wirtschaft zur „Billigentsorgung" von Abfällen wirksam begegnen zu können.

Nach dem Bekanntwerden der abfallwirtschaftlichen Situation der Sonderabfalldeponie Münchehagen, die die Wirtschaft auf einem Preisniveau von rd. 80 DM/t entsorgte, wurde deutlich, daß unter den gegebenen Rahmenbedingungen das Ziel einer umweltgerechten Abfallentsorgung in Niedersachsen nicht erreicht worden war. Die private Wirtschaft hatte keine Sonderabfallwirtschaft aufgebaut, die eine volkswirtschaftlich effiziente und schonende Nutzung der Naturgüter gewährleistet. Stattdessen entstand eine Altlast, die nunmehr – entgegen dem Verursacherprinzip – auf Kosten der Allgemeinheit zu sanieren ist.

4.2 Generelle Zielkonzeption

Die niedersächsischen Erfahrungen mit der Sonderabfalldeponie Münchehagen führten zu einer kritischen Überprüfung und schließlich zu einer Umorientierung der niedersächsischen Sonderabfallpolitik, die erstmals in der Regierungserklärung des Niedersächsischen Ministerpräsidenten vom 14. November 1985 formuliert wurde.[6]

Als Oberziel der niedersächsischen Planungen im Bereich des Sonderabfalles wird die Entwicklung einer leistungsfähigen und integrierten Sonderabfallwirtschaft gefordert. Dies bedeutet in erster Linie, stärker als bisher innerhalb der Betriebe auf eine Vermeidung und Verwertung der Reststoffe hinzuwirken.[7]

---

[4] Vgl. Bundesminister für Umwelt, Naturschutz und Reaktorsicherheit, Umweltbrief Nr. 33, Bonn 1986, S. 11 und Pkt. 1.4.

[5] Bundesamt für Umweltschutz (Hrsg.), Trägerschaftsformen für Anlagen zur Sonderabfallentsorgung, Bern 1988, S. 8.

[6] Vgl. Landtagsdrucksache 10/5034.

[7] Vgl. Der Nieders. Umweltminister, Zielkonzeption der nieders. Sonderabfallwirtschaft, Hannover 1986.

Mittelfristig ist trotz dieser Bemühungen davon auszugehen, daß weiterhin beträchtliche Mengen an Sonderabfällen entsorgt werden müssen. Insbesondere ist zu beachten, daß infolge der strengen Vorschriften auf dem Gebiet der Luft- und Wasserreinhaltung zusätzliche Sonderabfälle anfallen werden.[8] Die Entsorgung bedarf daher ebenso wie die betrieblichen Vermeidungsstrategien intensiver Planung und Umsetzung auf ein hohes technologisches Niveau. Das Ziel ist eine immissionsneutrale Entsorgung der unvermeidbar anfallenden Sonderabfälle.

Die mit der Anhebung des technischen Niveaus entstehenden höheren Kosten sind als höhere Entsorgungspreise an den Sonderabfallerzeuger entsprechend dem Verursacherprinzip weiterzugeben. Aufgabe dieser Kostenweitergabe ist es, bei den einzelnen Betrieben zu einer stärkeren Internalisierung bisher externer Kosten für die Nutzung der Umweltressourcen beizutragen. Durch dieses Preissignal soll auch ein Anreiz für freiwillige Maßnahmen zur Vermeidung und Verwertung bewirkt werden und die öffentlich-rechtlichen Lenkungsinstrumente insoweit unterstützt werden.

Zur Erreichung des formulierten Zielkataloges bieten sich aus ordnungspolitischer Sicht die in Punkt 3.3.1 dargestellten drei Grundformen der Organisation der Sonderabfallentsorgung an:

1. rein privatwirtschaftliche Sonderabfallentsorgung,
2. rein staatliche Sonderabfallentsorgung,
3. Übertragung der Entsorgung privatwirtschaftlichen Trägern mit Landesbeteiligung.

Die Vorteile der ersten Grundform liegen insbesondere darin, daß privatwirtschaftliche Entsorgungsunternehmen und betriebseigene Einrichtungen der Sonderabfallerzeuger flexibler auf Änderungen in der Sonderabfallentstehung reagieren können.[9]

Auch handelt es sich vorwiegend um produktionsspezifische Rückstände, so daß die Entsorgung zwangsläufig an die Bedingungen und Entwicklungen der Produktionsprozesse gekoppelt ist.[10]

Daher besitzen insbesondere betriebseigene Entsorgungseinrichtungen genaue Kenntnisse über die Abfallzusammensetzung und die Möglichkeit

---

[8] Vgl. Pkt. 2.4

[9] Siehe hierzu: Nato-Umweltausschuß, Pilotstudie „Beseitigung gefährlicher Abfälle", Unterprojekt: Organisation der Beseitigung gefährlicher Abfälle, Bundesminister des Innern (Hrsg.), Bonn 1977, S. 85.

[10] Vgl. Bezirksregierung Hannover (Hrsg.), Kursbuch für Sonderabfälle in Niedersachsen, Hannover 1981, S. 17.

der frühzeitigen Einstellung auf Änderungen in Produktprogrammen und Produktionstechnologie.

Diesen Vorteilen steht aber insbesondere der Nachteil gegenüber, daß sich private Aktivitäten nur dort entwickeln, wo eine angemessene Verzinsung des eingesetzten Kapitals erreicht werden kann. Ferner stellt die Entsorgung für die Wirtschaft einen Kostenfaktor dar, so daß eine Tendenz zu billigen Entsorgungsmöglichkeiten besteht, die nicht dem technischen Konzept des Landes entsprechen.

Diese beiden Nachteile führen dazu, daß seitens der Privatwirtschaft aus eigenem Antrieb kaum Bereitschaft besteht, hochtechnologische und damit kostenintensive Entsorgungsanlagen zu errichten. Während bei betriebseigenen Anlagen diese Vorgehensweise aus Kostengründen unterbleibt, steht bei privaten Entsorgungsunternehmen das Risiko im Vordergrund, daß eine hochtechnologische und damit kostenintensive Anlage nicht ausgelastet wird. Darüber hinaus besteht die Gefahr, daß bei rein privatwirtschaftlichen Unternehmen beim Auftreten von Schäden die Finanzmittel zur Sanierung von Umweltschäden nicht ausreichen.

Insbesondere aufgrund des letzten Gesichtspunktes war in der politischen Diskussion in Niedersachsen im Jahr 1985 vor dem Hintergrund der Ereignisse um die Deponie Münchehagen eine rein privatwirtschaftliche Sonderabfallentsorgung nicht mehr vertretbar. Es wurde grundsätzlich bezweifelt, daß sich das angestrebte Ziel einer hochtechnologischen Sonderabfallentsorgung nur mit Umweltauflagen und mit den Mitteln einer lediglich auf die bloße Aufsichtsfunktion beschränkten Bestätigung des Staates in angemessener Zeit erreichen läßt. Teilweise bestanden Vorstellungen, die Probleme der Sonderabfallentsorgung durch eine generelle Entsorgungspflicht des Staates zu lösen.[11]

Als Gründe für eine überwiegend staatliche Sonderabfallentsorgung werden in der Regel angeführt:[12,13]

- Der Staat kann ein ausreichendes Angebot und einen umweltgerechten Betrieb von Entsorgungsanlagen flächendeckend sicherstellen sowie notwendige technologische Entwicklung selbst beeinflussen.
- Der Staat bleibt unmittelbar für die Langzeitsicherheit der Entsorgungsanlagen verantwortlich, so daß auch Fragen der Haftung für Schäden und der Finanzierung leichter lösbar sind.

---

[11] Siehe hierzu z. B. SPD-Landtagsfraktion, Was wird mit dem Giftmüll, Hannover 1988 und den Gesetz-Entwurf der SPD-Fraktion für ein Niedersächsisches Abfallgesetz vom 22.08.1988, LT-Drs. 11/2910, der in § 3 Abs. 3 das Land als entsorgungspflichtige Körperschaft für Sonderabfälle benennt.

[12] Nato-Umweltausschuß, a. a. O., S. 84 ff.

[13] Simon, W. W., a. a. O., S. 70.

Diesen wichtigen Vorteilen stehen allerdings eine Reihe von Nachteilen gegenüber:[14,15]

- Die Bereitschaft der Sonderabfallerzeuger zur Entwicklung und Nutzung abfallarmer Produktionstechnologien kann durch die Vorhaltung eines umfassenden Entsorgungsangebotes beeinträchtigt werden.
- Die Trennung von Abfallerzeugung und Abfallentsorgung kann Koordinations- und Kooperationsprobleme nach sich ziehen.
- Eine übermäßige Belastung des Staatshaushalts durch nicht ausgelastete und damit unrentable Entsorgungsanlagen kann zu Zielkonflikten zwischen finanzwirtschaftlichen und umweltpolitischen Zielen des Staates führen.
- Es droht eine ordnungspolitische Interessenkollision, da der Staat als Betreiber von Entsorgungseinrichtungen durch staatliche Überwachungsbehörden kontrolliert wird.
- Es besteht die Gefahr, daß die Entsorgungsanlagen subventioniert werden, um durch günstige Entsorgungspreise die staatliche Industrieansiedlungspolitik zu unterstützen, so daß das Verursacherprinzip bei der Sonderabfallentsorgung nicht mehr gewahrt wird.[16]

Trotz der erheblichen Vorteile einer überwiegend staatlichen Lösung dürften diese Nachteile die Niedersächsische Landesregierung 1985 bewogen haben, keine rein staatliche Sonderabfallentsorgung in einer generellen Zielkonzeption zu verankern. Die Niedersächsische Landesregierung entschied sich statt dessen unter Beachtung des Kooperationsprinzips für eine privatrechtliche Beteiligung des Landes an einem zu gründenden Träger der Sonderabfallentsorgung; eine Lösungsvariante, die weitgehend der aufgezeigten dritten Organisationsform entspricht und als Übergangsform von der Organisationsform 1 zu der Organisationsform 2 anzusehen ist.[17] Für diese Entscheidung der Landesregierung dürfte ferner die Tatsache ausschlaggebend gewesen sein, daß auch in den übrigen Bundesländern – soweit ein direkter staatlicher Einfluß auf die Sonderabfallentsorgung ausgeübt wird – fast ausschließlich diese Organisationsform vorherrscht.[18]

Ausgehend von dieser generellen Vorgabe wurden die zuständigen Ressorts beauftragt, zu prüfen, in welchem Umfang Entsorgungsaufgaben auf

---

[14] Vgl. Nato-Umweltausschuß, a. a. O., S. 84 ff.

[15] Siehe auch Szelinski, B. – A., Organisation der Sonderabfallbeseitigung, in : Thome-Kozmiensky (Hrsg.), Sonderabfallbeseitigung, Berlin 1977, S. 28 ff.

[16] Simon, W. W., a. a. O., S. 71.

[17] Zu den Organisationsformen siehe auch Pkt. 3.3.1.

[18] Zu den Organisationsformen der Träger der Sonderabfallentsorgung in den einzelnen Bundesländern siehe Pkt. 3.3.2.

einen solchen Träger der Sonderabfallentsorgung zu übertragen sind und ein entsprechendes organisatorisches Konzept vorzubereiten. Parallel hierzu wurde das zuständige Ressort beauftragt, ein technisches Konzept zu erarbeiten, das sich an dem oben formulierten Ziel der immissionsneutralen Entsorgung der unvermeidbar anfallenden Sonderabfälle orientiert und entsprechende Unterziele entwickelt.

4.3 Technisches Konzept

4.3.1 Artspezifische Behandlung und Entsorgung

Ein technisches Konzept für die Sonderabfallentsorgung wurde in seinen Grundzügen in einem Rahmenplan bereits im Jahr 1985 verankert.[19]

Die Planung geht davon aus, daß künftig in Niedersachsen mit einer Sonderabfallmenge von rd. 300 000 m^3 pro Jahr zu rechnen ist.

Entsprechend der Vielstoffproblematik des Abfalles soll die Entsorgung dieser Menge artspezifisch durchgeführt werden, d. h. der Sonderabfall wird in Abhängigkeit von seiner chemisch-physikalischen Zusammensetzung und seines Gefährdungspotentials bestimmten Entsorgungseinrichtungen zugeführt.[20]

Diese Vorgehensweise erfordert eine präzise Einordnung und Bezeichnung der anfallenden Sonderabfälle. Auch innerbetrieblich ist deshalb eine getrennte Erfassung der Sonderabfälle notwendig. Ein Vermischen von Abfällen aus verschiedenen Produktionsverfahren innerhalb eines Betriebes hat zu unterbleiben. Um die häufig sehr schwierigen Fragen der Sonderabfallanalytik bei den Erzeugern frühzeitig klären zu können, sollen Gutachter mit speziellen Kenntnissen auf diesem Gebiet herangezogen werden.

Bei der Einordnung des Sonderabfalles stehen drei Hauptabfallarten im Vordergrund. Jede dieser Hauptabfallarten ist einer Entsorgungsart zugeordnet, die grundsätzlich anzuwenden ist:

1. Feste, nicht reaktive, weitgehend immobile anorganische Sonderabfälle wie z. B.

   – Glas- und Keramikabfälle mit produktionsspezifischen Beimengungen (meist Schwer- und Buntmetalle)

   – Asbestabfälle

---

[19] Nieders. Minister für Ernährung, Landwirtschaft u. Forsten, Rahmenplan Sonderabfallbeseitigung Niedersachsen, Hannover 1985, S. 30.

[20] Ebenda, S. 9.

- Strahlmittelrückstände aus der mechanischen Oberflächenbehandlung
- Mineralfaserabfälle aus der Produktion von Stein- und Glaswolle

sind für die obertägige Deponierung vorgesehen.

2. Toxische und stärker auslaugbare feste Abfälle wie z. B.
   - feste salzhaltige Rückstände aus der Rauchgasreinigung von Sonderabfallverbrennungsanlagen
   - Filterstäube aus Abfallverbrennungsanlagen
   - zyanidhaltige Härteschlämme (verfestigt)
   - Bleisalze aus der Farbenherstellung

   sind für die untertägige Deponierung vorgesehen.

3. Sonderabfälle, die überwiegend organischer Art sind und kritische Schadstoffe enthalten, wie z. B.
   - halogenierte Lösemittelgemische
   - Lack- und Farbschlamm
   - Altbestände von Pflanzenschutz- und Schädlingsbekämpfungsmitteln

   sollen thermisch behandelt werden.

Um das Ziel einer weitgehend immissionsneutralen thermischen Behandlung bzw. Ablagerung des Sonderabfalles zu gewährleisten, ist der technische Standard der Entsorgungsanlagen auf ein hohes Niveau – mindestens entsprechend dem Stand der Technik – zu heben. Die zur Zeit im Rahmen der Erarbeitung der Technischen Anleitung Abfall (TA-Abfall) gewonnenen Erkenntnisse über die Gestaltung von Deponien und andere Abfallentsorgungsanlagen sollen dabei in Niedersachsen bereits vorab umgesetzt werden.[21]

Besondere Bedeutung kommt dabei der Langzeitsicherheit der Deponien zu. Bereits bei der Anlage der Deponien sind die Sicherheitsvorkehrungen und der Planungszeitraum so zu wählen, daß Umweltbeeinträchtigungen auch nach der Stillegung ausgeschlossen werden.

Durch eine bereits beim Erzeuger einsetzende intensive Sonderabfallüberwachung und -beratung ist sicherzustellen, daß die einzelnen Sonderab-

---

21 Der Nieders. Umweltminister, Sonderabfall in Niedersachsen, Expertenanhörung, Hannover 1987, S. VII.

fälle nach den Grundsätzen der artspezifischen Entsorgung zu den entsprechenden Anlagen gelangen.

Die vorgesehenen Anlagen sollen schwerpunktmäßig über Niedersachsen verteilt als zentrale allgemein zugängliche Entsorgungsanlagen eingerichtet werden.

Die betriebseigenen Deponien sind daneben weiterhin ein wichtiger Bestandteil des Entsorgungskonzeptes. Sie können aber nur weiterbetrieben werden, wenn sie laufend den steigenden Anforderungen der artspezifischen Behandlung von Sonderabfällen angepaßt werden.

Soweit eine solche Anpassung nicht möglich ist, können diese Anlagen nur mit der zusätzlichen Maßgabe betrieben werden, daß nach Verfüllung eine Erweiterung nicht möglich ist.

Jeder zentralen Anlage werden ein Zwischenlager und eine chemisch-physikalische Behandlungsanlage zugeordnet. Die Zwischenlager haben neben der Aufgabe eines Eingangslagers zusätzlich die Funktion, auch Sonderabfälle aus der Region aufzunehmen, die für die anderen zentralen Anlagen bestimmt sind.

Es ist aber nicht beabsichtigt, diese Zwischenlager als „Langzeitzwischenlager" zu betreiben, die Abfälle längerfristig – bis zur Entwicklung neuer Verwertungstechniken – aufzunehmen. Ein solcher Weg wird als zu risikoreich angesehen, da abgesehen davon, wie hoch der Überwachungs- und Kontrollaufwand für eine solche Anlage wäre, nicht abgeschätzt werden kann, wann die erforderlichen Verwertungstechniken bereitstehen.[22]

Die Überbrückung eines sich eventuell ergebenden Entsorgungsengpasses kann es hingegen notwendig werden lassen, bis zur Verwirklichung der allgemein zugänglichen Anlagen, für eine befristete Übergangszeit zusätzliche Zwischenlager, insbesondere für organische Sonderabfälle, einzurichten.[23]

4.3.2 Thermische Entsorgungsanlagen

Es ist beabsichtigt, die thermische Entsorgung vorrangig in modernen Sonderabfallverbrennungsanlagen durchzuführen, da bei der Verbrennung

---

22 Vgl. Der Nieders. Umweltminister (Hrsg.), Sonderabfall in Niedersachsen, Expertenanhörung, a. a. O., S. VII.

23 Vgl. Nieders. Minister für Ernährung, Landwirtschaft u. Forsten, Rahmenplan Sonderabfallbeseitigung Niedersachsen, a. a. O., S. 3.5 u. Tabasaran, Studie zur Festlegung von Anforderungs- und Standortkriterien für die Errichtung von anlagenbezogenen Übergangszwischenlagern für bestimmte Sonderabfälle in Nds., Stuttgart 1987.

die Sonderabfälle mineralisiert und in ein für die Umwelt niedrigeres Gefährdungspotential überführt werden.

Der Stand der Rauchgasreinigungsanlagen erlaubt es dabei, solche Anlagen weitgehend immissionsneutral zu betreiben. Dem zusätzlichen Einsatz anderer thermischer Systeme (z. B. Pyrolyse) steht nichts entgegen, wenn die an sie zu stellenden Anforderungen erfüllt werden.[24]

Für die thermische Behandlung wird eine Sonderabfallmenge von rd. 90 000 m^3 pro Jahr prognostiziert. Die Planung geht von drei Verbrennungsanlagen aus. Die bestehende Sonderabfallverbrennungsanlage am Standort Bramsche/Achmer ist zu einer zentralen Anlage auszubauen. Darüber hinaus ist zur Abdeckung des Kapazitätsbedarfes eine Sonderabfallverbrennungsanlage entweder im Grenzbereich Niedersachsen/Hamburg oder im Industrieschwerpunktbereich Hamburg/Braunschweig/Salzgitter erforderlich. Die Möglichkeit einer gemeinsamen Errichtung einer entsprechenden Anlage mit den benachbarten norddeutschen Ländern ist zu prüfen. Die in Niedersachsen vorhandenen Verbrennungsanlagen und die Pyrolyseanlage in Salzgitter bleiben weiterhin bestehen.[25]

4.3.3 Untertägige Deponien

Für die untertägige Deponierung kommen in Niedersachsen mit seinen naturgegebenen Standortvorteilen insbesondere Salzsteinformationen in Frage, die aufgrund ihrer chemisch-physikalischen Eigenschaften einen langfristigen, sicheren und wartungsfreien Abschluß der endabgelagerten Sonderabfälle von der Biosphäre gewährleisten. Die Abfälle können prinzipiell in Salzbergwerken oder in soltechnisch hergestellten Salzkavernen deponiert werden.

Salzbergwerke eignen sich insbesondere für die Zwischenlagerung oder Endablagerung toxischer, organischer und anorganischer Abfälle wechselnder Zusammensetzung und Herkunft, die aufgrund ihres Gefährdungspotentials einer besonderen Verpackung und Handhabung bedürfen, sowie für Abfälle mit einem für die Zukunft zu erwartenden Recyclingpotential.

Salzkavernen eignen sich vorzugsweise für die Endablagerung fester oder verfestigbarer, toxischer oder stark auslaugbarer („salzhaltiger") anorganischer Abfälle, die in größeren Mengen in ziemlich einheitlicher Zusammen-

---

[24] Vgl. Nieders. Minister für Ernährung, Landwirtschaft und Forsten, Rahmenplan Sonderabfallbeseitigung Niedersachsen, Hannover 1985, S. 10 u. S. 30.

[25] Vgl. Der Nieders. Umweltminister (Hrsg.), Thermische Verwertung durch Verbrennung, Hannover 1988.

setzung anfallen und keiner besonderen Verpackung bedürfen sowie kein wirtschaftliches oder vom Aufwand technisch vertretbares Recyclingpotential besitzen. Die Planung geht davon aus, daß aufgelassene Salzbergwerke zur Zeit in Niedersachsen nicht für die unterirdische Ablagerung von festen Sonderabfällen zur Verfügung stehen, so daß vorrangig für die untertägige Deponierung Salzkavernen heranzuziehen sind.

Die Ablagerung flüssiger und schlammiger Sonderabfälle ist in Salzkavernen nicht ohne weiteres möglich. Vorrangig ist die Ablagerung fester Sonderabfälle zu verfolgen. Hinsichtlich des Standortes der Sonderabfallkavernen sind Salzstöcke im niedersächsischen Küstengebiet vorrangig zu untersuchen.[26]

4.3.4 Obertägige Deponien

Obertägige Sonderabfalldeponien sollen in Niedersachsen vorrangig in solchen geologischen Formationen eingerichtet werden, wo der Untergrund gegenüber einer möglichen Schadstoffausbreitung eine wirksame Barriere bildet. Nur eine geologische Barriere kann eine langfristige wirksame Schutzfunktion zwischen Schadstoffen und der Biosphäre übernehmen.

Die geologische Barriere hat die Aufgabe, den Schadstoffaustrag aus dem Deponiekörper in die Umgebung zu unterbinden oder zu verringern und dabei die Schadstoffverlagerung so weit wie möglich zu verzögern, um Umwandlungs- und Abbauprozesse zu ermöglichen bzw. die Austragskonzentration zu minimieren.

Um diese Aufgaben zu erfüllen, müssen die geologischen Medien folgende Voraussetzungen erfüllen:

- geringe Durchlässigkeit
- hohes Rückhaltevermögen
- ausreichende räumliche Ausdehnung.

In Niedersachsen erfüllen im besonderen Maße die Tongesteine der Unterkreide diese Voraussetzungen.

Geeignete Bereiche für die Anlage einer obertägigen Sonderabfalldeponie sind daher die ausgedehnten und mächtigen Tonsteinvorkommen der Unterkreide im Gebiet Hämeler Wald/Hildesheimer Börde und im Peiner Becken.

---

[26] Nieders. Minister für Ernährung, Landwirtschaft und Forsten, Rahmenplan Sonderabfallbeseitigung Niedersachsen, a. a. O., S. 35 und der Nieders. Umweltminister (Hrsg.), Salzkavernendeponierung, Hannover 1988.

Im Peiner Becken liegt die betriebsbereite Sonderabfalldeponie Hoheneggelsen, für die ein Planfeststellungsverfahren zur Einlagerung von 660 000 m³ abgeschlossen ist.

4.4 Organisatorisches Konzept

Bei einer Analyse der Umsetzung der generellen organisatorischen Zielformulierung des Landes Niedersachsen im Bereich der Sonderabfallentsorgung sind zwei Phasen erkennbar. In einer Phase 1, die sich unmittelbar an die Formulierung der generellen Zielkonzeption im Jahr 1985 anschließt, werden ausschließlich privatrechtliche Organisationselemente zur Zielerreichung der organisatorischen Neuordnung der Sonderabfallentsorgung eingesetzt.[27] In den folgenden Jahren verstärken sich die Bemühungen, auch öffentlich-rechtliche Organisationselemente zu verwenden.

Da sich die von der Landesregierung im Rahmen der generellen Zielsetzung angestrebte Organisationsform auf eine Beteiligung des Landes an einem Träger der Sonderabfallentsorgung beschränkt, ist es naheliegend, zunächst ausschließlich privatrechtliche Organisationselemente anzustreben. Zum einen ist die öffentlich-rechtliche Form – z. B. Gründung einer Körperschaft des öffentlichen Rechts – als eine gemeinsame Einrichtung für die Zusammenarbeit von öffentlicher und privater Hand äußerst umstritten, wenn nicht überhaupt ausgeschlossen.[28,29] Zum anderen bestehen gegen eine öffentlich-rechtliche Lösung insbesondere wegen der Starrheit und Schwerfälligkeit des überwiegend der hoheitlichen Verwaltung ablehnten Organisationsaufbaus und -ablaufs Bedenken, weil bei einer solchen Lösung grundsätzlich öffentlich-rechtliche Verwaltungs-, Dienstrechts- und Haushaltsvorschriften anzuwenden sind.[30]

Das private Recht hingegen weist eine Vielzahl von Rechtsformalternativen auf, die ein partnerschaftliches Zusammenwirken von öffentlicher Hand und privater Hand ermöglichen. Vorrangig bietet sich der eingetragene Verein des bürgerlichen Rechts nach § 21 f.f. des Bürgerlichen Gesetzbuches und die Gesellschaft mit beschränkter Haftung als geeignete Rechtsform an.[31]

---

27 Zur generellen Zielkonzeption siehe Pkt. 4.2.

28 Siehe hierzu Umweltbundesamt (Hrsg.), Bundesmodell Abfallverwertung, Berlin 1975, Anhang 2, S. 15 ff.

29 Vgl. auch Simon, W. W., a. a. O., S. 270.

30 Siehe hierzu Umweltbundesamt, a. a. O., S. 16.

31 Zu den Vor- und Nachteilen der einzelnen Rechtsformen und der Wahl der Rechtsform als Entscheidungsproblem siehe: Wöhe, G., Einführung in die Allgemeine Betriebswirtschaftslehre, München 1976, S. 166 ff.

Insofern impliziert die generelle Zielsetzung der Landesregierung nicht die Anwendung öffentlich-rechtlicher Organisationselemente. Das in Punkt 4.3 aus der generellen Zielsetzung hergeleitete technische Konzept verdeutlicht allerdings, daß eine artspezifische Sonderabfallbeseitigung nur gewährleistet ist, wenn sich der Sonderabfallmarkt mit seinen einzelnen Sonderabfallströmen vom Erzeuger zum Entsorger auf die jeweils geeignete Entsorgungsanlage ausrichtet. Diese Neukonzeption der Sonderabfallentsorgung in Niedersachsen hatte zur Folge, daß das bestehende öffentlichrechtliche Instrumentarium auf seine Eignung zur Lösung dieser Problematik überprüft wurde. Dabei stellte sich insbesondere heraus, daß es mit den bestehenden rechtlichen Instrumentarien nicht möglich ist, die Sonderabfallströme so zu steuern, daß entsprechend dem Leitsatz des § 2 AbfG das Wohl der Allgemeinheit gewährleistet bleibt. So hatte das Niedersächsische Umweltministerium Ende 1987 in einem speziellen Erlaß zur Durchführung des § 13 Abfallgesetz geregelt,[32] daß Verbringungsgenehmigungen zur Deponie Schönberg (DDR) von den zuständigen unteren Abfallbehörden nur erteilt werden dürfen, wenn u. a. geprüft worden ist, ob die betreffenden Abfälle in der Deponie Hoheneggelsen entsorgt werden können.

Diese Regelung, die einen präzisen Vollzug des § 13 Abfallgesetz beabsichtigte, hatte vereinzelt zur Folge, daß Abfalltransporte aus Niedersachsen zunächst in andere Bundesländer umgelenkt wurden, dort neu zusammengestellt und dann mit einer Verbringungsgenehmigung der zuständigen unteren Abfallbehörde des jeweiligen Bundeslandes nach Schönberg (DDR) verbracht wurden. Der ökonomische Hintergrund dieser Verschiebungen der Abfallströme war die Tatsache, daß trotz der zusätzlichen Transportkosten die Verbringung nach Schönberg immer noch preisgünstiger war als nach Hoheneggelsen. Dies macht deutlich:

Die Sonderabfallströme eines ungeregelten Sonderabfallmarktes laufen grundsätzlich – teilweise sogar unter Ausnutzung eines uneinheitlichen Verwaltungsvollzuges in den einzelnen Bundesländern – auf die billigste Entsorgungsanlage zu.

Für das angestrebte technische Entsorgungskonzept, das entsprechend der generellen Zielkonzeption eine Anhebung des technischen Niveaus und eine Weitergabe der daraus folgenden höheren Kosten an die Verursacher beinhaltet, bedeutet dies, daß ohne spezielle Lenkung des Marktes die Abfallströme an diesen Anlagen vorbeilaufen und die Umsetzung der artspezifischen Entsorgung erschwert oder unterlaufen werden kann.

Somit stellt sich die Aufgabe, ein geeignetes Lenkungsinstrumentarium zur Absicherung des technischen Konzepts zu entwickeln. Im weiteren wer-

---

[32] Zur Bedeutung des § 13 Abfallgesetz siehe auch Pkt. 2.1.4.

den sowohl die benutzten privatrechtlichen wie auch die eingesetzten öffentlich-rechtlichen Organisationselemente verfolgt, da sie sich ergänzen und in ihrem Zusammenwirken als das organisatorische Konzept des Landes Niedersachsen in der Sonderabfallentsorgung anzusehen sind.

4.4.1 Privatrechtliche Organisationselemente

Zur Umsetzung der generellen Zielsetzung der Landesregierung, sich an einem Träger der Sonderabfallentsorgung zu beteiligen,[33] bietet sich aus den oben dargelegten Gründen das Privatrecht an. Dabei muß die Rechtsform so konzipiert sein, daß sie entsprechend dem Kooperationsprinzip auch Privatunternehmen die Möglichkeit der Beteiligung eröffnet.

Ob ein eingetragener Verein nach § 21 ff. des Bürgerlichen Gesetzbuches oder die Gesellschaft mit beschränkter Haftung als Organisationselement gewählt wird, ist vorrangig eine Frage der Zweckmäßigkeit.[34]

Da die Entsorgung von Sonderabfall im Rahmen der generellen Zielsetzung mit der beabsichtigten Schaffung neuer Entsorgungsanlagen auch einen starken unternehmerischen Aspekt besitzt, stellt die Gesellschaft mit beschränkter Haftung aufgrund ihrer Möglichkeit, unternehmerische Organisations- und Handlungsformen einzuführen, die geeignetste Rechtsform dar.

Von grundsätzlicherer Bedeutung ist die Frage, welcher Aufgabenumfang einem Träger der Sonderabfallentsorgung mit staatlicher Beteiligung zugeordnet werden soll. Die Niedersächsische Landesregierung hatte sich zunächst dazu entschlossen, den Aufgabenumfang auf die Errichtung und den Betrieb allgemein zugänglicher zentraler ober- und untertägiger Deponien zu beschränken.[35]

Dabei blieben sowohl die betriebseigenen Deponien als auch die chemisch-physikalische und thermische Behandlung außerhalb des staatlich unmittelbar beeinflußten Aufgabenbereiches. Der Hintergrund dieser Entscheidung dürfte vorrangig der Wunsch gewesen sein, die Umsetzung der abfallwirtschaftlichen Zielsetzungen in einem möglichst großen Bereich

---

[33] Vgl. hierzu Pkt. 3.3.1

[34] Siehe hierzu Umweltbundesamt (Hrsg.), Bundesmodell Abfallverwertung, a. a. O., S. 20.

[35] Siehe hierzu Regierungserklärung des Nieders. Ministerpräsidenten vom 14. November 1985, LT-Drs. 10/5034.
Im Rahmen der Verabschiedung des Vorschaltgesetzes für ein Nieders. Abfallgesetz wurde die Zentrale Stelle dann aber als Träger der Sonderabfallentsorgung ausgebildet, die Abfallentsorgungsanlagen jeder Art errichten kann, vgl. Pkt. 4.5.1 und 4.5.3.

weiterhin der privatwirtschaftlichen Initiative zu überlassen.[36] Ferner dürfte die Entscheidung von dem Bestreben getragen gewesen sein, nach Möglichkeit die in Punkt 4 aufgezeigten Nachteile eines zu starken direkten staatlichen Einflusses auf die Sonderabfallentsorgung zu reduzieren.

Trotz der Beschränkung des Aufgabenbereiches sind mit einer solchen Konstruktion folgende wichtige Teilziele erreichbar:

1. ausreichende Kapazitäten für die Deponierung von Sonderabfällen vorzuhalten,
2. die Langzeitsicherheit der Deponien auch nach Abschluß der Betriebsphase zu gewährleisten,
3. Sicherheitsanforderungen zu erfüllen, die von einer rein privatwirtschaftlich organisierten Sonderabfallentsorgung nur schwer erbracht werden können.[37]

Von ebenfalls grundsätzlicher Bedeutung ist die Frage, mit welchem Anteil sich der Staat an einem Träger der Sonderabfallentsorgung beteiligt. Wie in Punkt 3.3.2 aufgezeigt, sind die Beteiligungshöhen in den einzelnen Bundesländern unterschiedlich. Die Niedersächsische Landesregierung hat sich für eine mehrheitliche Beteiligung entschieden. Diese Entscheidung dürfte in unmittelbarem Zusammenhang mit den Teilzielen 2. und 3. stehen, die ohne einen maßgeblichen Einfluß auf den Geschäftsbetrieb nicht übernommen bzw. nicht durchgesetzt werden könnten.

4.4.2 Öffentlich-rechtliche Organisationselemente

Im Laufe des Jahres 1988 faßte die Niedersächsische Landesregierung den Beschluß, neben den aufgezeigten privatrechtlichen auch öffentlich-rechtliche Organisationselemente im Bereich des Sonderabfallmarktes einzusetzen. Hierzu wird als zusätzliches ordnungspolitisches Unterziel eine staatliche Steuerung der Sonderabfallströme angestrebt.

Dabei ist nicht vorrangig beabsichtigt, bestehende privatrechtliche Entsorgungsstrukturen für Sonderabfälle zu ändern. Das geplante öffentlich-rechtliche Instrumentarium ist durch folgende Aufgabenstellungen charakterisiert.[38] Es muß erlauben:

---

[36] Vgl. hierzu Regierungserklärung des Nds. Ministerpräsidenten vom 14. November 1985, LT-Drs. 10/5034.

[37] Vgl. ebenda.

[38] Siehe hierzu Protokoll der Abschlußberatungen zum Vorschaltgesetz für ein Niedersächsisches Abfallgesetz, LT-Drs. 11/2918.

1. dem entsorgungspflichtigen Abfallbesitzer aufzugeben, wie er der Verpflichtung, Abfälle nur in dafür zugelassenen Anlagen und Einrichtungen zu behandeln, zu lagern oder abzulagern, nachzukommen hat,

2. die Auslastung moderner Abfallentsorgungsanlagen sicherzustellen, die dem neusten Stand der Technik entsprechen und entsprechend hohe Entsorgungspreise verlangen,

3. eine umweltgerechte und zukunftsorientierte Entsorgungsstruktur zu schaffen.

Diese Aufgabenstellung ähnelt den grundsätzlichen Zielen des Anschluß- und Benutzungszwanges, wie er für Sonderabfall z. B. in Bayern und Hessen eingeführt ist.[39]

Der grundlegende Unterschied zwischen der Lenkung der Abfallströme und dem Andienungszwang ist darin zu sehen, daß durch die geplante Steuerung der Abfallströme keine Entsorgungshandlungen ersetzt werden. Die Entsorgungshandlungen verbleiben im vollen Umfang beim entsorgungspflichtigen Abfallbesitzer. Auch aus logistischer Sicht bestehen Unterschiede. Bei einem Anschluß- und Benutzerzwang werden die Sonderabfälle in der Regel zunächst an einzelnen Sammelstellen zusammengeführt und von dort zu den Entsorgungsanlagen transportiert. Die Steuerung der Abfallströme hingegen erlaubt die direkte Zuweisung der Abfallströme vom Erzeuger zur Entsorgungsanlage. Insofern ist es konsequent, daß die Besitzer betriebseigener Deponien von der Steuerungsfunktion dieses Modells nicht erfaßt werden, soweit sie über zugelassene und aufnahmebereite Anlagen verfügen. Ob diese Voraussetzungen vorliegen, ist durch die Abfallbehörde im Rahmen ihrer Überwachungstätigkeit zu prüfen.[40]

Ebenso wie beim Anschluß- und Benutzerzwang kann über das Instrumentarium der Lenkung der Abfallströme die Auslastung moderner und damit kostenintensiver Anlagen gewährleistet werden. Auch im Umfang des organisatorischen Aufwandes entspricht dieses Lenkungsmodell weitgehend dem des Anschluß- und Benutzerzwanges, da in beiden Fällen zentral Daten über alle Sonderabfallströme eines Gebietes bzw. Landes erfaßt werden und bearbeitet werden müssen.

---

[39] Zur Organisation der Sonderabfallentsorgung in Bayern und Hessen siehe Punkt 3.3.2.

[40] Siehe hierzu Protokoll der Abschlußberatungen zum Vorschaltgesetz für ein Niedersächsisches Abfallgesetz, LT-Drs. 11/2918.

4.5 Zur Umsetzung des organisatorischen Konzeptes

4.5.1 Entwicklung und Gestaltung des Trägers für die Endablagerung von Sonderabfall

Zur Erfüllung der neuen Zielsetzung der Landesregierung wurde am 3. 12. 1985 die Niedersächsische Gesellschaft zur Endablagerung von Sonderabfall mbH (NGS) gegründet.

Die Gesellschaft wurde zunächst als 100 %ige Landesgesellschaft mit einem Stammkapital von 3 Mio DM ausgestattet. Im Laufe des Jahres 1986 wurden seitens der Landesregierung intensive Gespräche mit der niedersächsischen Wirtschaft hinsichtlich einer Beteiligung entsprechend dem Kooperationsprinzip geführt. Diese Gespräche führten schließlich am 22. 01. 1987 zu einer Erhöhung des Stammkapitals auf 20 Mio DM.[41] An diesem Kapital hält das Land Niedersachsen direkt bzw. indirekt über seine 100 %ige Tochter, die Hannoversche Beteiligungsgesellschaft mbH, 51 % der Anteile. Die restlichen 49 % der Anteile werden von verschiedenen Firmen der niedersächsischen Wirtschaft gehalten. Dabei handelt es sich wohl um Firmen aus der Gruppe der Sonderabfallerzeuger als auch um Firmen aus der Gruppe der Sonderabfallentsorger. Die größten privatwirtschaftlichen Anteile werden von der Noell GmbH und der PreussagAG mit jeweils 2,6 Mio DM gehalten (s. Abb. 2).

Der Gegenstand der Gesellschaft beschränkte sich zunächst ausschließlich auf die ordnungsgemäße Ablagerung von Abfällen, die wegen ihrer Art und Menge nicht zusammen mit den in Haushaltungen anfallenden Abfällen entsorgt werden können. Diese Abgrenzung des Gesellschaftszweckes bedeutet, daß z. B. Verbrennungsanlagen und chemisch-physikalische Behandlungsanlagen nicht Gegenstand der Geschäftstätigkeit sind.

Im Zusammenhang mit dem Vorschaltgesetz für ein Niedersächsisches Abfallgesetz wurde die NGS auch mit der Aufgabe der Zentralen Stelle beliehen.[42] In diesem Zusammenhang wurde der Gesellschaftszweck um diesen Bereich erweitert. Da die Zentrale Stelle gleichzeitig Träger der Sonderabfallentsorgung ist, kann die Gesellschaft aufgrund dieser Erweiterung ihres Gesellschaftszweckes nunmehr alle notwendigen Entsorgungsanlagen selbst errichten sowie Beteiligungen an derartigen Anlagen erwerben.[43]

Die Gesellschaft hat einen fakultativen Aufsichtsrat. Er besteht aus 7 Mitgliedern. Davon entsendet das Land Niedersachsen als Mehrheitsgesell-

---

41 Vgl. Pressemitteilung des Nieders. Umweltministers 14/87 vom 23. Jan. 1987.

42 Vgl. Pkt. 4.4.3.

43 Vgl. § 3 Abs. 6 des Vorschaltgesetzes zum Niedersächsischen Abfallgesetz, Nds. GVBl. vom 27. 12. 1988, S. 239, Vgl. auch Pkt. 4.4.1.

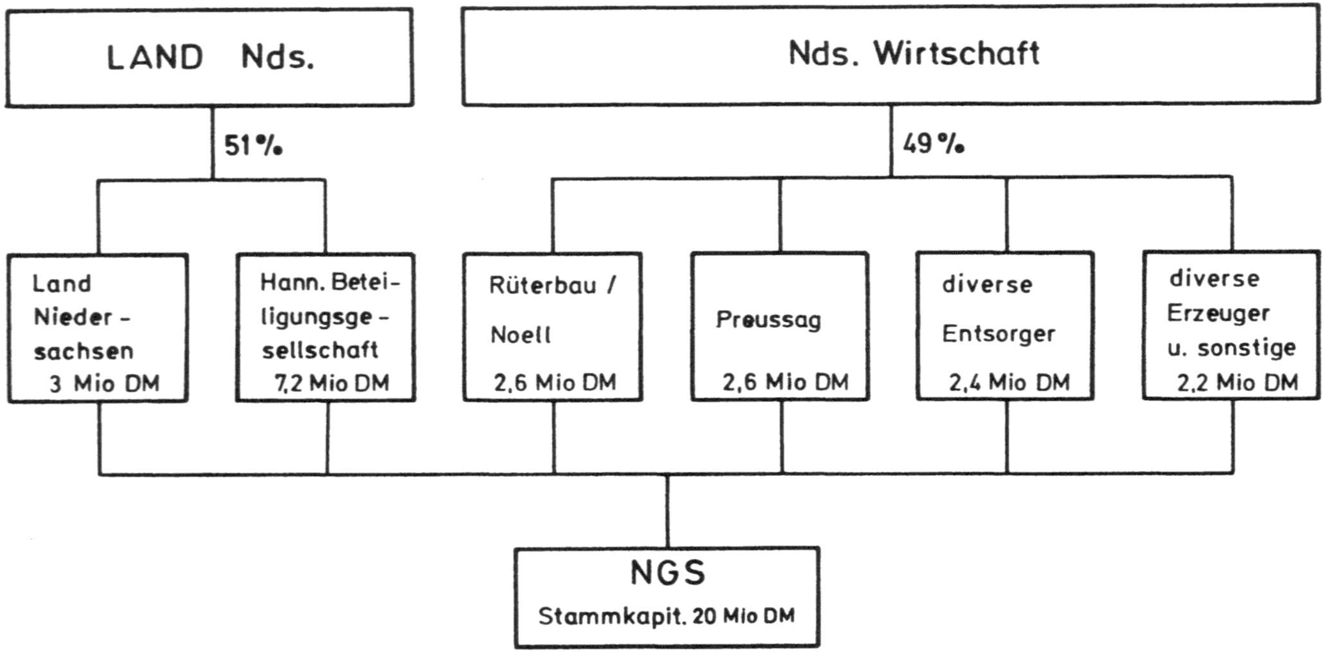

Abb. 2: Beteiligungsverhältnisse an der Niedersächsischen Gesellschaft zur Endablagerung von Sonderabfall mbH

schafter 4 Mitglieder. Die übrigen 3 Mitglieder werden von den Gesellschaftern der Privatwirtschaft entsandt, bei der Auswahl dieser Aufsichtsratsmitlieder haben das Land oder Gesellschaften, in denen das Land wesentlich beteiligt ist, kein Stimmrecht.

Die Gesellschaft betreibt derzeit keine eigenen Deponien, sie ist aber an der Niedersächsischen Sonderabfalldeponie Hoheneggelsen mbH mit 74 % beteiligt. Diese Beteiligung wurde im August 1987 erworben.

4.5.2 Die Nieders. Sonderabfalldeponie Hoheneggelsen mbH

Die Sonderabfalldeponie Hoheneggelsen liegt 1 km südlich der Ortslage Hoheneggelsen (Gemeinde Söhlde) im Landkreis Hildesheim. Es handelt sich um die einzige öffentlich zugängliche Sonderabfalldeponie Niedersachsens.

Im Raum Hoheneggelsen sind über 100 m mächtige Tonformationen in großer räumlicher Ausdehnung vorhanden. Es handelt sich um Tone der Unterkreide, des Bereiches Hämelerwald/Hildesheimer Börde die für eine Deponierung günstige Eigenschaften aufweisen, wie z. B. große Pufferkapazitäten, hohes Adsorptionsverhalten und starkes Fällungsvermögen für Schwermetalle.

Die Durchlässigkeitsbeiwerte Kf liegen im Bereich 10^{-7} und 10^{-8} m/s. Das Porenwasser weist eine Mineralisation auf, die bereits ab 10 m unter Gelände Werte von bis zu 20 000 mg/l erreicht. Diese hohen Werte sind ein Hinweis für eine geringe Durchlässigkeit des Tongesteins. Es handelt sich um aufsteigende versalzene Tiefenwässer, die durch eindringende Niederschlagswässer aufgrund der geringen Durchlässigkeit nur in geringem Umfang aufgesüßt werden.

Das derzeitige Deponiegelände umfaßt eine Fläche von ca. 20 ha. In ihm liegt die rd. 7 ha große sogenannte Altdeponie, in der von 1972 bis 1985 in 3 Einzelgruben rd. 650 000 m^3 Sonderabfälle aufgrund einer wasserrechtlichen Genehmigung[44] eingelagert worden sind.

Auf der Grundlage des Abfallbeseitigungsgesetzes wurde am 14. 10. 1985 ein Planfeststellungsbeschluß zur Erweiterung der Sonderabfalldeponie Hoheneggelsen mit der Anordnung der sofortigen Vollziehung erteilt. Der Planfeststellungsbeschluß wurde von Mitgliedern einer Bürgerinitiative und der Gemeinde Sählde beklagt. In einem Eilverfahren stellte das OVG Lüneburg am 21. 02. 1986 zunächst wieder die aufschiebende Wirkung her, weil

[44] Diese Genehmigung wurde vor Inkrafttreten des AbfG auf der Rechtsgrundlage des Nieders. Wassergesetzes (NWG) erteilt.

einige formelle Mängel bei der Erteilung des Planfeststellungsbeschlusses festgestellt worden waren.

Nachdem die Bezirksregierung Hannover diese Mängel beseitigt hatte, wurde vom OVG Lüneburg im Beschlußwege am 07. 08. 1986 die aufschiebende Wirkung aufgehoben, so daß mit der Ablagerung begonnen werden konnte.[45]

Die Entscheidung in der Hauptsache steht noch aus. Der Planfeststellungsbeschluß genehmigt eine Fläche von rd. 12,78 ha, auf der ein Einlagerungsvolumen von 660 000 m^3 bzw. 880 000 t zugelassen ist. Für diese Einlagerungsmenge dürfen 6 Polder mit einer Tiefe von ca. 30 m angelegt werden.

Der Beschluß enthält keinen Positivkatalog, auf dessen Grundlage einzelne Abfallarten abschließend zur Ablagerung zugelassen sind, sondern eine umfangreiche Liste (Negativkatalog) mit Ausschlußkriterien. Ob ein Abfall zur Ablagerung kommt, wird vom zuständigen Landkreis Hildesheim in jedem Einzelfall unter Einschaltung von Gutachtern anhand dieser Liste geprüft.

Die Sonderabfalldeponie wurde ursprünglich von der Verwertungsgesellschaft für Industrieabfälle mbH (VFI) betrieben. Im Jahr 1979 wurde die Deponie von der Dr. Dr. Anton Maier AG übernommen. Da es sich um die einzige öffentlich zugängliche Sonderabfalldeponie Niedersachsens handelt, nahm die Niedersächsische Gesellschaft zur Endablagerung von Sonderabfall mbH (NGS) Anfang des Jahres 1987 Verhandlungen mit der Dr. Dr. Anton Maier AG wegen des Erwerbs der Deponie auf. Im August 1987 wurde die Niedersächsische Sonderabfalldeponie Hoheneggelsen (SDH) gegründet. An dieser Gesellschaft hat die NGS einen Anteil von 74 %, die restlichen 26 % werden von der Dr. Dr. Anton Maier AG gehalten.[46] (s. Abb. 3)

Die Gesellschaft ist mit einem Stammkapital von 3 Mio DM ausgestattet. Ferner haben sich die Gesellschafter verpflichtet, der Gesellschaft Darlehen in Höhe von 27 Mio DM zur Verfügung zu stellen. Die Gesellschaft erwarb für 85 Mio. DM von der Dr. Dr. Anton Maier AG die Grundstücke und die Rechte an der Deponie sowie das nötige Know-how.

Die Gesellschaft hat im Jahr 1987 rd. 15 000 t und im Jahr 1988 rd. 40 000 t Sonderabfälle deponiert. Das Preisniveau betrug durchschnittlich 320 DM/t.

---

[45] Vgl. Beschluß 7 OVG-D 3/85.

[46] Vgl. Nieders. Umweltminister, Pressemitteilung 127/87 vom 4.8.1987.

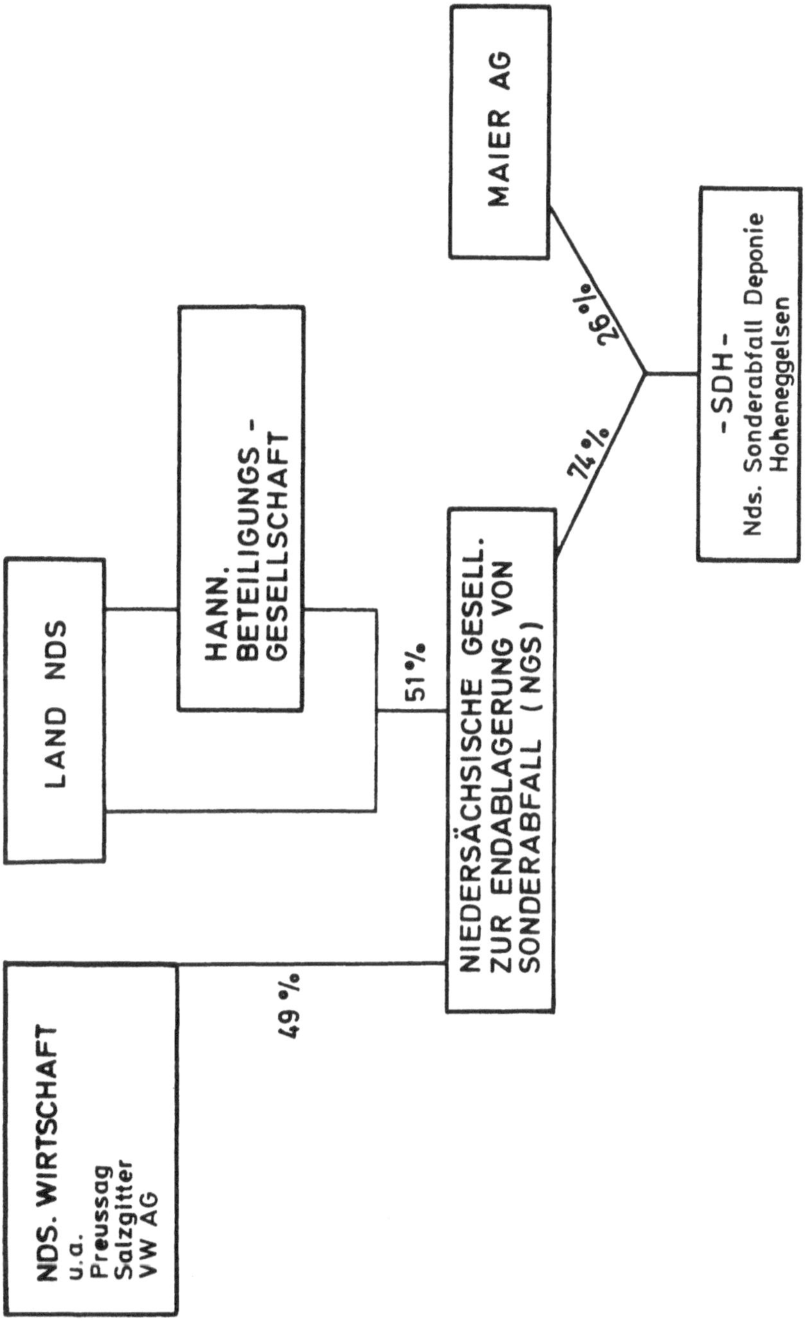

Abb. 3: Beteiligungsverhältnisse an der Niedersächsischen Sonderabfalldeponie Hoheneggelsen mbH

4.5.3 Das Vorschaltgesetz für ein Niedersächsisches Abfallgesetz

Zur Umsetzung der öffentlich-rechtlichen Organisationselemente wurde am 21. 12. 1988 das Vorschaltgesetz für ein Niedersächsisches Abfallgesetz (VNAbfG) verabschiedet.[47] Im Vorgriff auf das künftige neue Niedersächsische Abfallgesetz wird durch dieses Gesetz die rechtliche Grundlage für eine staatliche Lenkung der Sonderabfallströme gelegt.

Gemäß § 3 Abs. 3 ist seit dem 1. 5. 1989 jeder Abfallbesitzer verpflichtet, Sonderabfälle einer „Zentralen Stelle für Sonderabfälle" anzudienen. Als Sonderabfälle definiert das Gesetz in § 2 Abs. 1 alle Abfälle, die nach § 3 Abs. 3 des Abfallgesetzes (AbfG) vom 27. 8. 1986 von der Entsorgung ausgeschlossen worden sind. Mit dieser Definition wird der dem Bundesrecht unbekannte Begriff für den landesrechtlichen Vollzug verbindlich eingeführt.[48]

Diese Definition geht über den in Punkt 2.1.5 vertretenen Sonderabfallbegriff hinaus und schließt insbesondere auch solche Abfälle ein, die nur wegen ihrer Menge ausgeschlossen worden sind, die sogenannten Massenabfälle.

Die Sonderabfälle sind einer Zentralen Stelle für Sonderabfälle anzudienen. Die Zentrale Stelle soll den in Niedersachsen anfallenden Sonderabfall geeigneten Entsorgungsanlagen zuweisen und für eine Heranziehung der Abfallerzeuger zu den Kosten sorgen. Zu einer solchen Einrichtung darf nach § 3 Abs. 1 des Vorschaltgesetzes nur ein Unternehmen bestimmt werden, daß

1. durch seine Kapitalausstattung, innere Organisation sowie Fach- und Sachkunde der Mitarbeiter Gewähr für eine ordnungsgemäße Aufgabenwahrnehmung bietet und

2. dem Land Niedersachsen durch eine Beteiligung von mindestens 51 % einen bestimmenden Einfluß auf den Geschäftsbetrieb eingeräumt hat.

Als Zentrale Stelle wird also eine Kapitalgesellschaft mit Mehrheitsbeteiligung des Landes tätig. Damit macht diese Regelung eine Ausnahme von dem Grundsatz des Art. 43 Abs. 1 der vorläufigen Nds. Verfassung, wonach staatliche Verwaltungsaufgaben grundsätzlich durch die Landesregierung und die ihr unterstellten Behörden auszuüben sind. Eine solche Ausnahme der Wahrnehmung von Verwaltungsaufgaben durch sogenannte Beliehene ist aber bereits in mehreren Fällen vorgenommen worden. Die bekanntesten

---

[47] Vgl. Nds. GVBl. v. 27.12.1988, S. 239.

[48] Ähnliche Regelungen enthalten § 4 Abs. 1 des Hessischen Abfallgesetzes, § 3 Abs. 1 des Rheinland-Pfälzischen Abfallgesetzes sowie § 11 Abs. 1 des Saarländischen Abfallgesetzes; Fundstellen der Gesetze sind in Pkt. 2.1.1 angegeben.

Beliehenen sind die Bezirksschornsteinfeger bei der Feuerstättenschau und der Bauabnahme, bei Tätigkeiten auf dem Gebiete des Emmissionsschutzes sowie der rationellen Energieverwendung. Im großen Umfang nehmen die „Technischen Überwachungsvereine (TÜV)" Aufgaben der Untersuchung wahr, so etwa bei der Prüfung überwachungsbedürftiger Anlagen nach § 24 c der Gewerbeordnung und der Untersuchung der Kraftfahrzeuge unter Erteilung der Prüfplakette nach § 29 StVZO. Bei der Überprüfung von Bauanträgen in statischer Hinsicht kann die Bauaufsichtsbehörde aufgrund von § 66 Abs. 1 und 2 der Nds. Bauordnung und einer entsprechenden Verordnung den Prüfingenieuren für Baustatik Aufgaben übertragen, die unter der Fachaufsicht des Sozialministers stehen.[49] Vereinzelt geäußerte verfassungsrechtliche Bedenken gegen die Einrichtung einer solchen Zentralen Stelle für Sonderabfälle konnten sich daher nicht als durchgreifend erweisen.[50]

Durch Verordnung vom 21. April 1989 ist aufgrund des § 3 Abs. 7 des Vorschaltgesetzes die Niedersächsische Gesellschaft zur Endablagerung von Sonderabfall mbH (NGS) zur Zentralen Stelle für Sonderabfälle bestimmt worden.[51] Gleichzeitig sind in dieser Verordnung folgende Ausnahmen von der Andienungspflicht verankert worden, danach unterliegen der Andienungspflicht nicht:

1. Sonderabfälle, von denen bei einem entsorgungspflichtigen Abfallbesitzer nicht mehr als 500 kg im Jahr anfallen;
2. Bauschutt
3. Straßenaufbruch
4. Bodenaushub
5. krankenhausspezifische Abfälle
6. bestimmte Altöle
7. Sonderabfälle, die dem Anhang I zur Anlage I des Internationalen Übereinkommens von 1973 zur Verhütung der Meeresverschmutzung durch Schiffe unterliegen.

Die Andienungspflicht ist eine allein landesrechtlich begründete Pflicht, die den anlagenbezogenen Entsorgungshandlungen des Abfallbesitzers vorgeschaltet ist. Die Entsorgungshandlungen selbst verbleiben in vollem Umfang beim entsorgungspflichtigen Abfallbesitzer. Ihm wird aufgegeben, wie

[49] Vgl. Elster, H.; in: Korte, H., Rebe, B., Verfassung und Verwaltung, 2. Auflage, Göttingen 1984, S. 538 ff.

[50] Vgl. Protokoll der Ausschußberatungen zum Vorschaltgesetz, LT-Drs. 11/2918.

[51] Vgl. Nds. GVBl. vom 26.04.1989, S. 183.

er der Verpflichtung, Abfälle nur in den dafür zugelassenen Anlagen und Einrichtungen zu behandeln, zu lagern und abzulagern, nachzukommen hat.

Gegenüber der bisherigen Rechtslage tritt insofern eine Änderung ein, als der Abfallbesitzer im Umfang der gesetzlich verfügten Andienungspflicht eigene Verhandlungen nicht mehr führen und Verträge mit Inhabern von Abfallentsorgungsanlagen nicht mehr schließen kann. Derartige Verhandlungen und Verträge sind ihm zwar künftig auch nicht untersagt, eine Bindung der Zentralen Stelle, Sonderabfälle entsprechend den vertraglichen Absprachen des Abfallbesitzers auch zuzuweisen, besteht indes nicht.

Die Zentrale Stelle selbst ist eine januskŏpfige Einrichtung. Gegenüber dem Abfallbesitzer tritt sie im Rahmen der Zuweisung hoheitlich auf. Mit den Eigentümern der Abfallentsorgungsanlagen muß sie entsprechende privatrechtliche Verträge schließen. Die Zentrale Stelle ist allerdings gleichzeitig auch Träger der Sonderabfallentsorgung in Niedersachsen und kann daher auch eigene Abfallentsorgungsanlagen errichten und betreiben sowie Beteiligungen an derartigen Anlagen erwerben.[52]

Auf der Basis der abgeschlossenen Verträge oder auf der Basis der Kosten eigener betriebener Anlagen erhebt die Zentrale Stelle für Sonderabfälle von dem andienungspflichtigen Abfallbesitzer für die ihr entstehenden Aufwendungen und die Behandlung, Lagerung oder Ablagerung der Sonderabfälle in der Entsorgungsanlage, der sie zugewiesen worden sind, Gebühren und Auslagen (s. Abb. 4).[53] Die Kostenerhebung ist ebenso wie die Zuweisung ein öffentlich-rechtlicher Vorgang und daher an eine Gebührenordnung gebunden. Der Niedersächsische Umweltminister ist im Vorschaltgesetz ermächtigt worden, durch Verordnung die kostenpflichtigen Tatbestände zu bestimmen. Hiervon ist mit der Gebührenordnung für die Zentrale Stelle für Sonderabfälle Gebraucht gemacht worden.[54] Einen Anhalt für die Höhe der durch die Einschaltung der Zentralen Stelle entstehenden zusätzlichen Kosten ist dem § 3 Abs. 4 der Verordnung zu entnehmen, danach kann zur Abgeltung des entstehenden Verwaltungsaufwandes die Gesamtgebühr um 14 % erhöht werden.

Wer der Pflicht zur Andienung der Sonderabfälle nicht nachkommt, begeht eine Ordnungswidrigkeit, die mit einer Geldbuße bis zu 100 000 DM geahndet werden kann.[55]

---

52 Vgl. § 3 Abs. 6 des Vorschaltgesetzes, vgl. Pkt. 4.4.1 und Pkt. 4.5.1.

53 Siehe hierzu auch: Reinke, H. J., Sonderabfälle sind anzudienen, Oldenburgische Wirtschaft, Heft 5, 1989, S. 8.

54 Gebührenordnung für die Zentrale Stelle für Sonderabfälle vom 12. Juni 1989, Nds. GVBl. S. 204.

55 Vgl. § 5 des Vorschaltgesetzes.

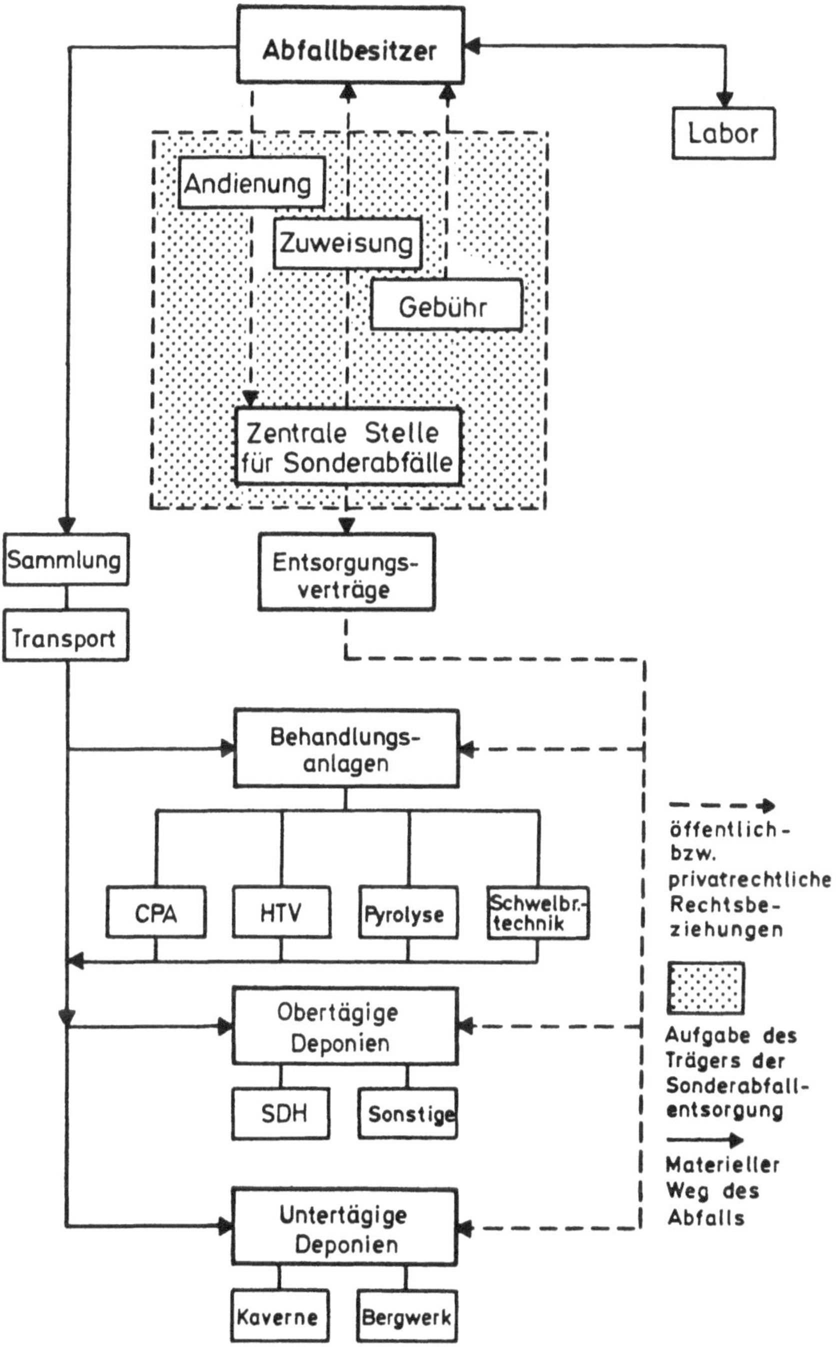

Abb. 4: Schematische Darstellung der Andienungspflicht

4.6 Planungsstand des technischen Konzeptes

4.6.1 Geowissenschaftliche Vorsorgeuntersuchungen für obertägige Deponien (9 000 ha-Programm)

Ausgehend von der Auffassung, daß die Langzeitsicherheit einer Deponie in erster Linie nur durch eine geologische Barriere gewährleistet werden kann, hat die niedersächsische Landesregierung das Nieders. Landesamt für Bodenforschung beauftragt, die Tongesteine der Unterkreide in Niedersachsen auf ihre generelle Eignung für eine Sonderabfallablagerung zu untersuchen.

Dabei wurden nur solche Tongesteine einbezogen, die eine Quartärabdeckung von weniger als 2 m haben. Unter Berücksichtigung weiterer Kriterien wie: Mindestabstand von geschlossener Bebauung, Ausschluß von Wasserschutz- und Wasservorranggebieten, wurde für das Untersuchungsprogramm eine Fläche von rd. 9 000 ha ausgewählt. Die dafür zu untersuchende Schichtenabfolge der Unterkreide (vom jüngeren zum älteren) Alb, Apt, Barreme, Hauterive, Valangin (Wealden) umfaßt in ihrer mächtigsten Ausbildung mehr als 2 000 m.

Es handelt sich um das größte Programm zur Gewinnung geowissenschaftlicher Ausgangsdaten für obertägige Sonderabfalldeponien in der Bundesrepublik Deutschland.

Ein erster umfangreicher zusammenfassender Bericht über die geowissenschaftlichen Vorsorgeuntersuchungen zur Standortfindung für die Ablagerung von Sonderabfällen konnte das Nieders. Landesamt für Bodenforschung im Juni 1986 vorlegen.[56]

Es zeigte sich, daß bei der Standortauswahl für eine oberflächennahe Sonderabfalldeponie insbesondere die Schutzwirkung des Untergrundes gegen die Migration von Schadstoffen zur Biosphäre von Bedeutung ist. Die Schutzwirkung hängt von dem jeweiligen Grad der Sorbierbarkeit der abgelagerten Schadstoffe und der zur Verfügung stehenden Dicke des Barrieregesteins ab.[57]

Bei der Eignungsbewertung der Unterkreide-Tongesteine waren deshalb vor allem die Gesteinseigenschaften zu vermitteln, die Rückschlüsse auf eine mögliche Schadstoffretardation im Untergrund zulassen.

Die Gesamtbewertung ergab, daß für eine Sonderabfallablagerung die Alb- und Aptgesteine im Bereich Hämelerwald/Hildesheimer Börde am besten geeignet sind (vgl. Tabelle 8).

---

[56] Vgl. Nieders. Umweltminister, Pressemitteilung 1/86 vom 25. Juli 1986.

[57] Vgl. Nieders. Landesamt f. Bodenforschung, Geowissenschaftliche Vorsorgeuntersuchungen zur Standortfindung für die Ablagerung von Sonderabfällen, Hannover 1986, S. 112.

Tabelle 8: Bewertung der Untersuchungsgebiete im Rahmen des 9 000 ha-Programmes

Gestein	Valangin Wealden	Alb, Apt	Apt, Barrême Hauterive	Alb, Apt Barrême
Gebiet / Teilkriterien	A Schaumburg Lippische Kreidemulde	B Hämelerwald Hildesheimer Börde	C Peiner Becken	D Braunschweig Schöppenstedt
Gesteinsausbildung	bedingt geeignet	geeignet	geeignet	(bedingt) geeignet
Grundwasserbewegung	bedingt geeignet	geeignet	geeignet	(bedingt) geeignet
Schadstoffrückhaltevermögen	bedingt geeignet	geeignet	(bedingt)	geeignet geeignet
Gesamt Beurteilung	bedingt geeignet	geeignet	(bedingt) geeignet	(bedingt) geeignet

Quelle: Nds. Landesamt für Bodenforschung.

Diese Eignungsfeststellung bezieht sich ausschließlich auf die Gesteinseignung. Um einen konkreten Standort für eine obertägige Sonderabfalldeponie zu ermitteln, sind zwei weitere Teilschritte erforderlich:

1. Teilschritt:
   – Punktuelle Untersuchung von 5 Teilgebieten in einem Bereich, der durch die Ortschaften Rethmar, Schwichelt, Harber und Gr. Lobke grob begrenzt wird, zur generellen Zuordnung dieser Teilgebiete zu den Ergebnissen des „9 000 ha-Programmes".

2. Teilschritt:
   – Flächenbezogene Untersuchungen in 2 der 5 Teilgebiete. Welche Flächen dafür in Frage kommen, hängt vom Ergebnis der Untersuchungen des Teilschrittes ab. Sofern diese Untersuchungen zu erfolgversprechenden Ergebnissen führen, muß in einem weiteren Untersuchungsschritt die Eignung der sich daraus ergebenden möglichen Standortflächen detailliert untersucht und abschließend bewertet werden.

Aber bereits bei der Vorbereitung zur Durchführung der Bohrarbeiten des Teilschrittes 1 zeigten sich erhebliche Widerstände seitens der Bevölkerung der betroffenen Kommunen sowie der Kommunen selbst.

Die Niedersächsische Landesregierung hat daraufhin deutlich gemacht, daß es sich um eine Vorsorgeuntersuchung handelt und daß z. Zt. nicht geplant ist, eine Sonderabfalldeponie im Bereich Dolgen-Schwichelt einzurichten. Vielmehr geht die Landesregierung davon aus, daß die Sonderabfalldeponie Hoheneggelsen mindestens bis zum Jahr 2000 ausreichende obertägige Ablagerungskapazitäten für Niedersachsen besitzt.

Trotzdem hat sich das Untersuchungsprogramm erheblich verzögert, so daß erst im zweiten Halbjahr 1989 die ersten Bohrarbeiten des Teilschrittes 1 durchgeführt werden können.

4.6.2 Das Ringschacht-Projekt der Niedersächsischen Sonderabfalldeponie Hoheneggelsen mbH

Im Rahmen der Umsetzung des technischen Konzeptes des Landes Niedersachsen zur Sonderabfallentsorgung beabsichtigt die Niedersächsische Sonderabfalldeponie Hoheneggelsen, eine neue und sichere obertägige Deponietechnik einzusetzen. Zu diesem Zweck hat die Gesellschaft einen Antrag auf Planfeststellung von Tiefbehältern auf dem Deponiegelände in Hoheneggelsen gestellt. Die Planung sieht die Errichtung von überdachten Betonbehältern mit kreisförmigem Grundriß beim inneren lichten Durchmesser von ca. 65 m (Netto-Einlagerungstiefe 58,75 m) vor. Die Behälter sollen in der 200 m mächtigen Schicht aus Tongestein eingelassen werden (s. Abb. 5). Im Schnitt kann ein Behälter 140.000 m^3 Abfall aufnehmen. Die Schachtwandungen werden aus wasserundurchlässigem Stahlbeton erstellt und erhalten auf der äußeren Seite eine Filterschicht mit eingebauter Dränage. Die Behältersohle wird durch eine verdichtete Tonschicht mit darüberliegender Filterschicht und zweifacher Dränage als Basisdichtung ausgebildet. Die obere Abdichtung gegenüber der Atmosphäre bildet während des Betriebes eine demontierbare Dachkonstruktion. Nach vollständiger Verfüllung erhalten die Schächte eine Oberflächenabdichtung (verdichteter Ton, HDPE-Folie, Filterschicht und Dränagesysteme) mit darüber angeordneter Rekultivierung.

Durch die effektivere Form und Tiefe der kreisförmigen Ringschächte kann auf gleichem Gelände gegenüber der bisher eingesetzten Poldertechnik mit ihren geneigten Böschungen ein wesentlich größeres Einlagerungsvolumen realisiert werden. Im hier dargestellten Fall kann mit den Schächten das mögliche Einlagerungsvolumen auf den 5-fachen Wert gegenüber der jetzigen Einlagerungstechnik pro Quadratmeter Oberfläche gesteigert werden. Darüber hinaus weist dieses Konzept insbesondere folgende Vorteile auf:

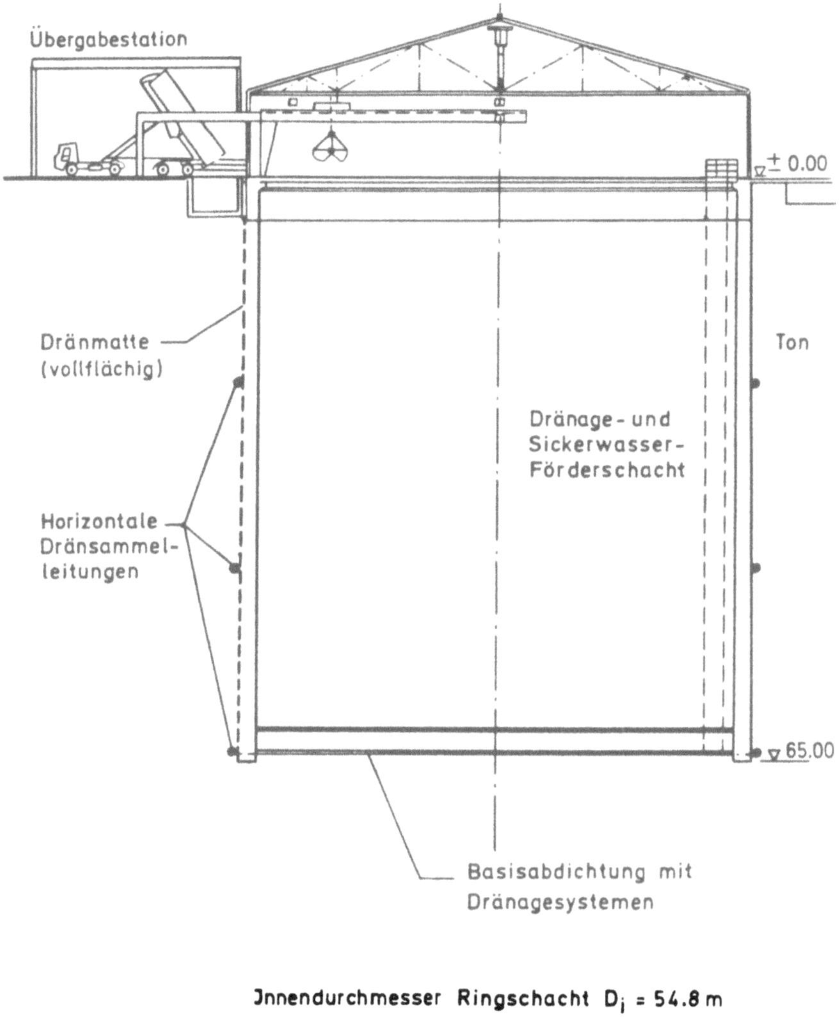

Quelle: Nds. Gesellschaft zur Endablagerung von Sonderabfall mbH

Abb. 5: Systemskizze der geplanten Ringschachtdeponie

- höhere Sicherheit durch eine zusätzliche technische Barriere für einen Zeitraum von 100 – 150 Jahren,
- sehr geringes Sickerwasseraufkommen während der Betriebsphase aufgrund der Überdachung,
- gute Überwachbarkeit der Deponie durch Kontrollschächte,
- getrennte Erfassung des Restsickerwassers und des geringen Porenwassers durch Innen- bzw. Außendränage,
- mögliche Rückholbarkeit durch differenziertes Einlagerungskataster für jeden Tiefenbehälter.

Das Planfeststellungsverfahren für die Ringschachtdeponie ist bereits im Jahr 1987 beantragt worden. Nach den derzeitigen Planungen soll das erste Ringschacht-Paar Mitte 1992 fertiggestellt sein. Weitere Ringschacht-Paare sollen in den Jahren 1996, 1999, 2003 und 2007 folgen. Das geplante Deponie-Nettovolumen beträgt insgesamt ca. 1,4 Mio. m^3.

4.6.3 Das Salzkavernendeponie-Projekt

Das technische Konzept des Landes Niedersachsen zur Sonderabfallentsorgung sieht für bestimmte Sonderabfälle eine untertätgige Deponierung vor.[58]

Zur Findung eines geeigneten Salzstockes für eine untertägige Salzkavernendeponie hat die Nieders. Landesregierung ein gestaffeltes Standortauswahlprogramm eingeleitet.

Zunächst wurde das Nieders. Landesamt f. Bodenforschung beauftragt, ein geologisches Gutachten zur Vorauswahl geeigneter Salzstrukturen zur Anlage von untertägigen Salzkavernendeponien zu erarbeiten. Im Rahmen dieses Gutachtens wurden 36 Salzstrukturen im niedersächsischen Küstenraum auf ihre generelle Eignung für eine Deponierung untersucht.[59] Ausgehend von der Vorgabe des „Rahmenplanes Sonderabfall Niedersachsen" beschränkte sich dieses Gutachten auf die Salzstrukturen in der Nähe der niedersächsischen Nordseeküste, wo eine Soleableitung am umweltverträglichsten möglich erscheint.

Auf der Basis dieser Vorauswahl wurde die Kavernenbau- und -betriebs GmbH von der Nieders. Gesellschaft zur Endablagerung von Sonderabfall mbH (NGS) beauftragt, eine Standortauswahl für eine Salzkavernenson-

---

58 Siehe Pkt. 4.3.

59 Vgl. Nieders. Landesamt f. Bodenforschung, Geologisches Gutachten zur Vorauswahl geeigneter Salzstrukturen zur Anlage von untertägigen Deponien, Hannover 1986.

derabfalldeponie in Niedersachsen zu erarbeiten. Im Rahmen dieser Untersuchung wurden die Salzstöcke Jemgum-Leer, Bunde (beide Landkreis Leer) und Etzel (Landkreis Wittmund) mit Hilfe einer Nutzwertanalyse als die geeignetsten Salzstöcke ermittelt.[60] Dabei wurden als Hauptkriterien die geologischen und wasserwirtschaftlichen Verhältnisse sowie die Infrastruktur berücksichtigt. Anhand von Ausschließlichkeitskriterien wurden solche Strukturen ausgeschlossen, die aufgrund zu großer Teufenlage (> 700 m), zu geringer Fläche (< 3 km) oder mangelnder Verfügbarkeit von vornherein als nicht geeignet ermittelt wurden.

Das technische Konzept der untertägigen Deponierung in Salzkavernen und die Standortfrage wurden im Rahmen eines Expertengepräches am 5. Okt. 1987 in Aurich vor ca. 400 Zuhörern diskutiert.[61]

Während das technische Konzept von der Mehrheit der Experten befürwortet wurde, entbrannte hinsichtlich der Standortfrage eine heftige Diskussion, die ohne Konsens abgebrochen werden mußte.

Am 16. 12. 1987 teilte der Nieders. Umweltminister mit, daß eine endgültige Festlegung, an welchem Standort die „Endablagerung von Sonderabfall in Salzkavernen" vorgenommen werden soll, erst nach Abschluß einer raumordnerischer Überprüfung der drei genannten Salzstöcke erfolgen soll. Darüber hinaus wurde eine ergänzende Begutachtung küstenferner Salzstöcke veranlaßt.[62]

Für diese Begutachtung nahm das Nieders. Landesamt für Bodenforschung erneut eine Vorauswahl vor.[63]

Im Rahmen dieser Vorauswahl wurden rd. 129 Salzstrukturen untersucht. Daraufhin wurde die Kavernenbau- und -betriebs GmbH von der NGS beauftragt, eine Gesamtbegutachtung sowohl der küstennahen als auch der küstenfernen Standorte vorzunehmen. Dabei wurden insbesondere auch die Möglichkeiten alternativer Soleableitung mit einbezogen und bewertet.[64]

Es zeigte sich allerdings, daß die Salzstöcke Jemgum-Leer und Bunde trotz des erweiterten Bewertungsrasters weiterhin die höchsten Bewertungszahlen aufweisen. Darüber hinaus erwies sich die Rangposition des

60 Vgl. Nieders. Umweltminister, Pressemitteilung 58/87, vom 30. März 1987.

61 Vgl. Nieders. Umweltminister, Pressemitteilung 161/87 vom 5. 10. 1987.

62 Vgl. Nieders. Umweltminister, Pressemitteilung 210/87 vom 16. 12. 1987.

63 Vgl. Nieders. Landesamt f. Bodenforschung, Geologische Stellungnahme zur Eignung nieders. Salzstrukturen für die Anlage für Kavernenfeldern zur Deponie von nichtradioaktiven toxischen Abfallstoffen, Hannover 1988.

64 Vgl. Gutachten der Kavernenbau- und -betriebs GmbH zur Standortuntersuchung der küstenfernen Salzstrukturen für eine Salzkavernen-Sonderabfall in Niedersachsen vom August 1988.

Salzstockes Jemgum im Rahmen einer Sinsitivitätsanalyse auch bei Veränderung der Wichtung der Bewertungskriterien als sehr stabil auf der Rangfolge 1.

Ausgehend von diesen umfangreichen Untersuchungen im Vorfeld der öffentlich-rechtlichen Genehmigungsverfahren entschied sich der Niedersächsische Umweltminister in Abstimmung mit dem Niedersächsischen Landesministerium für den Salzstock Jemgum als ersten Standort für eine Salzkavernendeponie.[65]

Gleichzeitig wurde festgelegt, daß vor dem erforderlichen Planfeststellungsverfahren eine umfassende Umweltverträglichkeitsprüfung im Rahmen eines Raumordnungsverfahrens durchgeführt werden soll.

Dabei sollen alle Gesichtspunkte, die auch in der öffentlichen Diskussion eine Rolle spielten und von den Kommunen vorgetragen wurden, wie z. B. Transportprobleme, Zielkonflikte mit Fremdenverkehr, Sturmflutgefahr, Auswirkung auf Mensch, Fauna und Flora sowie auf Boden, Wasser und Luft anhand einer Check-Liste berücksichtigt und abgewogen werden.

Das notwendige Raumordnungsverfahren und die erstmals für eine Abfallentsorgungsanlage durchzuführende Umweltverträglichkeitsprüfung wurden noch im September 1988 von der NGS bei der Bezirksregierung Weser-Ems beantragt.

Parallel dazu wurde von der Nds. Gesellschaft zur Endablagerung von Sonderabfall mbH (NGS) beim Bundesminister für Forschung und Technologie (BMFT) ein Forschungs- und Entwicklungsvorhaben „Experimentaluntersuchungen zur Ablagerung von Abfällen in Salzkavernen" beantragt. Der BMFT hat im Juli 1989 für dieses Vorhaben eine Förderung in Höhe von 8,9 Mio. DM bereitgestellt.[66]

Nach der derzeitigen Planung wird davon ausgegangen, daß die Inbetriebnahme der ersten Kaverne 1995 erfolgen kann (s. Abb. 6).

4.6.4 Thermische Behandlungsanlagen

Wie in Punkt 4.5.1 erläutert, war der Gesellschaftszweck der Niedersächsischen Gesellschaft zur Endablagerung von Sonderabfall mbH (NGS) ur-

---

[65] Vgl. Nieders. Umweltminister, Pressemitteilung 164/88, vom 28.09.1988.

[66] Vgl. Bundesminister für Forschung und Technologie (BMFT), Pressemitteilung v. 3. 7. 89.

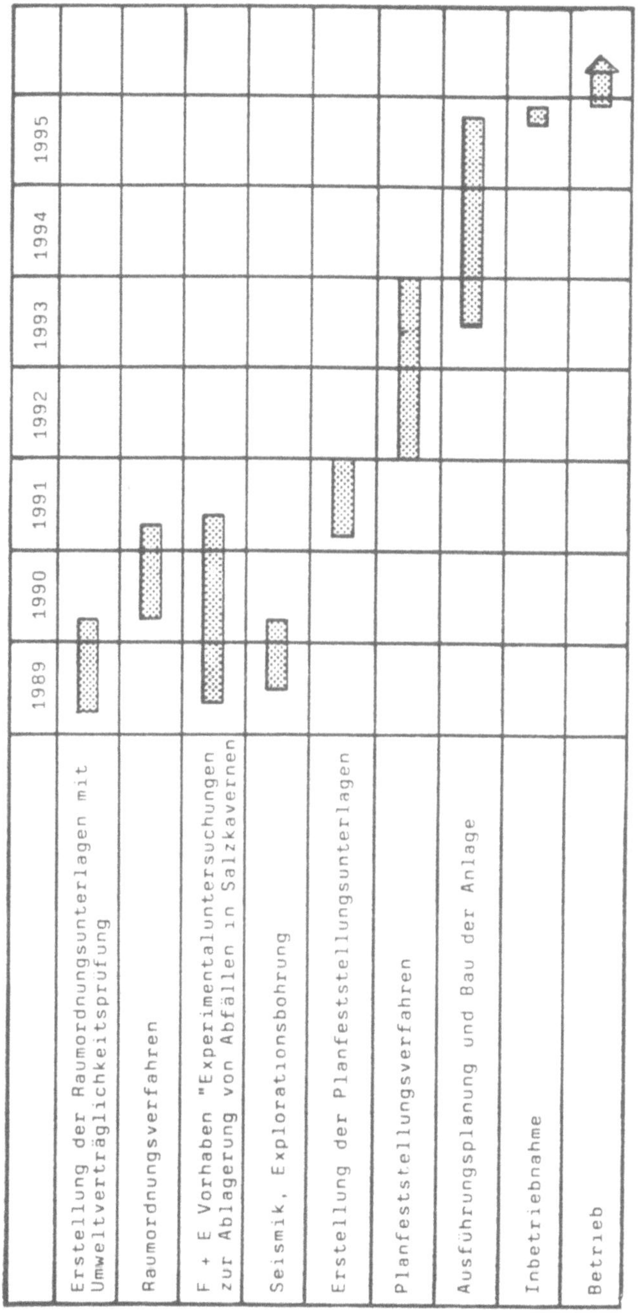

Abb. 6: Terminplan des „Salzkavernenprojektes Jemgum"

sprünglich ausschließlich auf die Endablagerung beschränkt und schloß nicht die Errichtung von Behandlungsanlagen mit ein.

Auch nach der Erweiterung des Gesellschaftszwecks beabsichtigt die NGS bisher keine derartigen Anlagen zu errichten, so daß dieser Bereich z. Zt. in Niedersachsen der rein privatwirtschaftlichen Initiative überlassen bleibt.

Bisher sind folgende Planungsabsichten bekannt:

- In Oker/Harlingerode beabsichtigt die Harz-Metall-GmbH (HMG) auf einem alten Industriestandort der Firma Preussag eine Sonderabfallverbrennungsanlage zu errichten. Die Harz-Metall-GmbH ist eine Tochter der Europ-Metall GmbH, an der die Preussag mit 42 % beteiligt ist.

  Als Partner an diesem Vorhaben der Harz-Metall-GmbH sind die Edelhoff AG & Co./Iserlohn sowie die Rethmann Städtereinigung GmbH & Co. KG/Selm mit insgesamt 60 % beteiligt. Die beiden Unternehmen beschäftigen sich seit längerer Zeit mit der Entsorgung von Abfällen und verfügen über entsprechende Logistikorganisationen, während die Harz-Metall-GmbH aufgrund ihrer Tätigkeit auf dem Gebiet der Metallgewinnung über Kenntnisse der Hochtemperaturverfahren verfügt.

  Geplant wird eine Drehrohrofenanlage mit einer Jahreskapazität von 30 000 t. Das notwendige Planfeststellungsverfahren gem. § 7 Abs. 1 AbfG wurde am 28.4.1988 bei der Bezirksregierung Braunschweig beantragt. Für die Errichtung und den Probebetrieb wird ein Zeitraum von 2 Jahren benötigt, so daß – sofern die Planfeststellung 1990 erfolgen sollte – die Anlage frühestens 1992 verfügbar sein wird.[67]

- Eine weitere Drehrohrofenanlage für Sonderabfall mit einer Kapazität von 30 000 t plant die Elektrizitätsversorgung Weser-Ems GmbH (EWE) an dem Standort Dörpen.

  Die Erstellung der notwendigen Antragsunterlagen ist z. Z. noch nicht abgeschlossen. Wird von einer Antragstellung Anfang 1990 ausgegangen, so dürfte diese Anlage nicht vor 1994 verfügbar sein.

- Den Betrieb einer Pyrolyse-Anlage plant die Salzgitter-Pyrolyse GmbH. Das Planfeststellungsverfahren ist Anfang 1988 bei der Bezirksregierung Braunschweig beantragt worden. Die geplante Kapazität beträgt 20 – 25 000 t. Die Anlage ist am Standort Salzgitter bereits im

[67] Vgl. HTVA-Pläne liegen Anfang September aus, Hannoversche Allgemeine Zeitung vom 07. 08. 1989, S. 2.

Probebetrieb gelaufen. Festgestellte Mängel sollen im Rahmen des Planfeststellungsverfahrens durch Nachrüstung beseitigt werden. Wird die Genehmigung im Laufe des Jahres 1990 erteilt, so könnte die Anlage bereits 1991 verfügbar sein.

5. Bewertung des Konzeptes

5.1. Bewertung des technischen Konzeptes

Bei einer Bewertung des technischen Konzeptes ist zunächst festzustellen, daß die Heranziehung eines geeigneten Bewertungsmaßstabes Probleme bereitet. Das Abfallgesetz selbst enthält keine materiellen Anforderungen an die technische Konzeption von Abfallentsorgungsanlagen.

Als Oberziel ist dem Gesetz allerdings immanent, daß das „Wohl der Allgemeinheit" durch die Abfallentsorgung nicht beeinträchtigt werden darf, insbesondere nicht dadurch, daß

1. die Gesundheit der Menschen gefährdet,
2. Nutztiere, Vögel, Wild und Fische gefährdet,
3. Gewässer, Boden und Nutzpflanzen schädlich beeinflußt,
4. schädliche Umwelteinwirkungen durch Luftverunreinigungen und Lärm herbeigeführt,
5. die Belange des Naturschutzes und der Landschaftspflege sowie des Städtebaus nicht gewahrt oder
6. sonst die öffentliche Sicherheit und Ordnung gefährdet oder gestört werden.[1]

Zwar gibt es eine Reihe von Vorschriften – außerhalb des AbfG –, die dieses Oberziel in Einzelpunkten näher konkretisieren[2], bisher fehlt aber eine technische Anleitung, die nicht nur Einrichtung und Betrieb von Entsorgungsanlagen, sondern übergreifend die gesamte Abfallentsorgung – auch unter Einbeziehung der Anforderungen an die Zuordnung von Abfällen zu Entsorgungswegen – regelt. Darüber hinaus war lange unklar, auf welchem technischen Niveau das Oberziel des Abfallgesetzes – das Wohl der Allgemeinheit nicht zu beeinträchtigen – realisiert werden sollte. Bis 1986 wurde davon ausgegangen, daß dieses technische Niveau sich an den allgemein anerkannten Regeln der Technik zu orientieren hätte.

---

1 Vgl. § 2 Abs. 1 AbfG.

2 Vgl. z. B. Länderarbeitsgemeinschaft Abfall (LAGA), Merkblatt, Die geordnete Ablagerung von Abfällen, in: Müll und Abfall, 1979, S. 122.

Bei der Änderung des Abfallgesetzes im Jahr 1986 ist allerdings ein höherer technischer Standard durch den Terminus „Stand der Technik" eingeführt worden. Nach § 4 Abs. 5 AbfG erläßt die Bundesregierung nach Anhörung der beteiligten Kreise mit Zustimmung des Bundesrates allgemeine Verwaltungsvorschriften über Anforderungen an die Entsorgung von Abfällen nach dem Stand der Technik, vor allem solcher im Sinne des § 2 Abs. 2 AbfG. Was Stand der Technik (Technische Anleitung Abfall) ist, wird im AbfG selbst nicht normiert.

Generell wird unter dem „Stand der Technik" der Entwicklungsstand fortschrittlicher Verfahren, Einrichtungen oder Betriebsweisen verstanden, der die praktische Eignung einer Maßnahme für eine umweltverträgliche Abfallentsorgung gesichert erscheinen läßt. Bei der Bestimmung des Standes der Technik sind insbesondere vergleichbare geeignete Verfahren, Einrichtungen oder Betriebsweisen heranzuziehen, die mit Erfolg im Betrieb eingesetzt worden sind.[3]

Die Erarbeitung der Technischen Anleitung Abfall (TA-Abfall) ist bisher noch nicht abgeschlossen. Es liegt lediglich ein Teilentwurf als „TA-Sonderabfall 1. Teil" dem Bundesrat zur Zustimmung vor.[4]

Dieser 1. Teil regelt vorrangig die Behandlung von Sonderabfällen. Der 2. Teil, der Anforderungen an die oberirdische und untertägige Ablagerung enthalten soll, liegt bisher nur als Arbeitsgruppenentwurf vor. Soweit zugänglich, sollen sowohl Teil 1 als auch Teil 2 der TA-Abfall als Bewertungsmaßstab herangezogen werden.

Das technische Kernstück der niedersächsischen Sonderabfallkonzeption ist die Zuordnung der Sonderabfälle zu den drei Entsorgungswegen

- obertägige Ablagerung
- untertägige Ablagerung
- thermische Behandlung

im Rahmen einer artspezifischen Abfallentsorgung. Die künftige TA-Abfall wird im Prinzip ebenfalls diese Zuordnungsstruktur enthalten, wobei sie bei der thermischen Behandlung zwischen Hausmüll- und Sondermüllverbrennungsanlagen unterscheidet und zusätzlich als einen eigenen Entsorgungsweg die chemisch-physikalische Behandlung aufzeigt.

Dies ist jedoch kein Widerspruch zu dem niedersächsischen Konzept, da nach diesem Konzept den zentralen Entsorgungsanlagen grundsätzlich eine chemisch-physikalische Behandlungsanlage zugeordnet werden soll.

---

3 Vgl. Definition des Bundes-Immissionsschutzgesetzes im § 3 Abs. 6 BImSchG.

4 Verwaltungsvorschrift zum Abfallgesetz (TA-Sonderabfall), BR-DRS. 316/89.

Insgesamt ist hervorzuheben, daß dieser Teil der niedersächsischen Konzeption – obwohl in seinen Grundzügen bereits 1985 formuliert – auch der künftigen TA-Abfall und damit dem Stand der Technik entsprechen wird.

Dabei bietet die Integration der thermischen Behandlung insbesondere die Gewähr, daß die aufgezeigte Vielstoffproblematik des Sonderabfalls beherrscht werden kann.[5]

Durch geeignete thermische Anlagen können die zahlreichen organischen Sonderabfälle wie z. B. PCB-haltige Altöle, die in angemessener Zeit nicht abbaubar sind, mineralisiert werden, so daß eine langfristige Kontamination der Biosphäre verhindert werden kann. Gleichzeitig wird eine Volumenreduktion und damit eine Schonung der Deponiekapazitäten erreicht.

Auch die besten thermischen Anlagen werden geringe Emissionen aufweisen, allerdings sind diese Emissionen nicht so hoch, daß die Immissionswerte bedenkliche Größenordnungen annehmen werden.[6]

Es ist daher nicht gerechtfertigt, aufgrund der Emissionen diesen Teil des Entsorgungskonzeptes vollständig abzulehnen.[7]

Dies gilt umso mehr, als z. Z. keine technische Alternative zur Verfügung steht, die solche schadstoffhaltigen Sonderabfälle in gleichwertiger Weise entsorgen kann. Da berechtigter Weise die Entsorgung solcher Abfälle in Deponien immer weiter eingeschränkt wird, ist ansonsten der Abfallexport die Folge dieser Vorgehensweise.

Richtig ist, daß eine solche Technologie nicht dafür mißbraucht werden darf, um Abfälle zu beseitigen, die verwertbar sind oder durch geeignete Technologien bereits vermieden werden können. Dies zu verhindern ist aber Aufgabe des organisatorischen Konzeptes.

In diesem Zusammenhang wird teilweise die Auffassung vertreten, daß hinsichtlich der thermischen Behandlungsanlagen Überkapazitäten geplant sind, die dauernde Sachzwänge in Richtung Verbrennung bewirken werden. Zur Bewertung dieser Frage wurden anhand des Abfallartenkataloges zunächst die Abfallarten ermittelt, die grundsätzlich für eine thermische Behandlung infrage kommen. Auf der Basis dieser Abfallarten wurden mit Hilfe der Begleitscheine die dazugehörigen Abfallmengen in Niedersachsen ermittelt.

Die Durchschnittsmenge der Jahre 1985 – 1987 der Sonderabfälle in Niedersachsen, die für eine Verbrennung infrage kommt, ergibt sich zu rd. 125 000 m³. Diesem Aufkommen stehen geplante Kapazitäten von rd.

---

[5] Vgl. Pkt. 3.1.1.

[6] Vgl. Landesamt für Wasser und Abfall – Nordrhein-Westfalen –, Sonderabfallverbrennung Düsseldorf 1988.

[7] Vgl. Greenpeace, Giftmüllverbrennung an Land? – Nein danke!, Hamburg 1988.

90 000 m³ gegenüber. Auch wenn die derzeit angelaufene Verwertungs- und Vermeidungsstrategie einbezogen wird, werden in Niedersachsen mittelfristig eher zuwenig als zuviel Verbrennungskapazitäten für Sonderabfall zur Verfügung stehen. Diese Prognose muß auch vor dem Hintergrund gesehen werden, daß durch verschärfte Umweltauflagen zusehends neue Sonderabfallarten entstehen, die einer thermischen Behandlung zugeführt werden müssen. Als ein aktuelles Beispiel sei hier auf gebrauchte Aktivkohlefilter der Wasserwerke hingewiesen, die verstärkt zur Erfüllung der EG-Trinkwasserrichtlinie im Hinblick auf Pflanzenschutzmittelrückstände im Trinkwasser eingesetzt werden müssen.[8]

Im Bereich der untertägigen Ablagerung stellt das Konzept des Landes Niedersachsen allein auf die Salzkavernendeponie ab. Der Entwurf der TA-Abfall hingegen bezieht auch die Bergwerksdeponie mit ein. Da der Einlagerungskatalog (max. 5 Abfallarten) für Kavernen eng beschränkt sein wird, andererseits die künftige TA-Abfall rd. 50 Abfallarten für die untertägige Ablagerung vorsieht, wird in Niedersachsen, langfristig betrachtet, für ca. 45 Abfallarten keine Entsorgungsanlage entsprechend dem Stand der Technik verfügbar sein. Dieser Entsorgungslücke kommt aber kein erhebliches Gewicht zu, da hinsichtlich des Mengenaufkommens die meisten Abfallarten, die für die Untertagedeponie infrage kommen, ein bundesweites Jahresaufkommen von deutlich unter 10 000 t/a, teilweise sogar unter 1 000 t/a haben.

Bei den Abfallarten, bei denen mit erheblichen Mengen zu rechnen ist, bietet jedoch gerade die Kavernendeponie die geeigneteste Entsorgungsmöglichkeit. Insbesondere stellt die Kavernendeponie eine geeignete Möglichkeit zur Entsorgung der Rückstände aus der Müll- bzw. Sondermüllverbrennung dar. Im Jahr 1986 fielen bundesweit an solchen Rückständen 200 00 t Filterstäube und 178 000 t Rauchgasreaktionsprodukte an.[9] Vor diesem Hintergrund dürfte es Niedersachsen keine Schwierigkeiten bereiten, von anderen Bundesländern die notwendigen Kapazitäten in Bergwerksdeponien im Rahmen der gegenseitigen Unterstützung zu erhalten. Die Kaverne erreicht mit 600 – 700 m einen Bereich in der Lithosphäre, wo die Stofftransporte und die geochemischen Kreisläufe ca. 1 Million Jahre betragen. Damit verfügt die Kavernendeponie mit der geologischen Barriere Salz über eine für menschliche Ermessenszeiträume unbegrenzte Funktionsfähigkeit. Der Bundesminister für Forschung und Technologie hat daher auch zu Recht die Initiative des Landes Niedersachsen, getragen von der NGS, besonders hervorgehoben und den Forschungs- und Entwicklungsanteil des Projektes von ca. 17,8 Mio. DM mit 50 %, d. h. 8,9 Mio. DM ge-

8 Vgl. Pkt. 2.4, Sonderabfallaufkommen der Gruppe 25 (Behandlungsanlagen).

9 Vgl. NGS, Abschlußbericht zum Verbundvorhaben „Experimentaluntersuchungen zur Ablagerung von Abfällen in Salzkavernen", Hannover 1989.

fördert. Berücksichtigt man, daß Niedersachsen bereits seit 4 Jahren intensiv an der Realisierung des Kavernenprojektes arbeitet und daß die TA-Abfall mit dem Teil 2 (Deponie) wahrscheinlich erst 1990 in Kraft treten wird, so sind in Niedersachsen bereits erhebliche Anstrengungen unternommen worden, um den künftigen Stand der Technik in diesem Bereich zu erreichen.

Bei dem Kavernenprojekt wird besonders deutlich, daß die niedersächsische Entsorgungskonzeption hinsichtlich der Langzeitsicherheit nicht auf künstliche Bauwerke mit begrenzter Lebensdauer, sondern vorrangig auf die Schutzwirkung geologischer Barrieren abstellt. Dieser Ansatz findet sich auch bei der Einrichtung der obertägigen Deponie wieder. Im Bereich der obertägigen Sonderabfalldeponien geht der derzeitige Entwurf der TA-Abfall, der von der LAGA Unterarbeitsgruppe „Deponiedichtung" erarbeitet wurde, als erste technische Anleitung detailliert auf die Anforderungen ein, die an den Untergrund der Deponiestandorte zu stellen sind.[10] So wird u. a. ein mechanisch ausreichender stabiler Untergrund mit einer Mindestdicke von 3 m gefordert, der homogen und gering wasserdurchlässig (Kf < 1 x 10^{-7} m/s) sein muß.

Vergleicht man diese Standortvoraussetzungen mit der Mächtigkeit der geologischen Barriere der Deponie Hoheneggelsen, so werden diese Anforderungen weit übertroffen. Der Standort Hoheneggelsen ist auch in der Lage, die Anforderungen des ad-hoc-Arbeitskreises der geologischen Landesämter und der Bundesanstalt für Geologie und Rohstoffe (BGR) „Deponien" zu erfüllen, der der Schutzfunktion der geologischen Barriere noch eine wesentliche höhere Bedeutung als die TA-Abfall zumißt.[11]

Auch das 9 000 ha-Programm ist in diesem Zusammenhang hervorzuheben, da es sich um ein bisher einzigartiges Standortvorsorgeprogramm für Sonderabfalldeponien in der Bundesrepublik Deutschland handelt. Es darf aber auch nicht übersehen werden, daß Niedersachsen besonders günstige Vorkommen an Tongestein aufzuweisen hat, so daß eine generelle Anwendung der niedersächsischen Maßstäbe zu einer erheblichen Verknappung an potentiellen Sonderabfalldeponiestandorten in der Bundesrepublik in Deutschland führen dürfte.

Mit der geplanten Ringschacht-Deponie und der vorgesehenen Überdachung wird auch das technische Niveau dieser Deponie oberhalb der künftige TA-Abfall zu bewerten sein. In Verbindung mit den günstigen geologi-

---

[10] Vgl. Drescher, J., Deponiedichtungen für Sonderabfalldeponien – Arbeitspapier – Müll und Abfall 1988, S. 281.

[11] Vgl. Höltzscher, H., Aufgabe der geologischen Barriere bei Abfalldeponien, Abfallwirtschaftsjournal, 1989, S. 26.

schen Voraussetzungen wird diese Deponie bei der Realisierung der Planungen sich zur sichersten obertägigen Sonderabfalldeponie der Bundesrepublik Deutschland entwickeln.

Insgesamt ist festzustellen, daß das technische Konzept des Landes Niedersachsen dem Niveau der künftigen TA-Abfall entsprechen und es in einigen Punkten darüber hinaus übertreffen wird.

Lückenhaft ist das technische Konzept bisher hinsichtlich der Bewältigung der Altlasten-Problematik. Die vorgesehenen Entsorgungskapazitäten für Sonderabfall werden gerade ausreichen, um das laufende Sonderabfallaufkommen zu entsorgen. Müssen nennenswerte Mengen an Altlasten ausgekoffert werden – weil sie nicht in situ behandelt werden können – dürfte es zu einem Entsorgungsengpaß kommen. Eine Entlastung könnte in einem begrenzten Umfang durch die Deponie Hoheneggelsen geleistet werden, wenn die Errichtung der Ringschächte ggf. zu beschleunigen wäre.

5.2 Bewertung des organisatorischen Konzeptes

Die aufgezeigte Analyse des Sonderabfallaufkommens und die Struktur der Sonderabfallentsorgung haben deutlich gemacht, daß in Niedersachsen sowohl zusätzliche Kapazitäten als auch technologisch höherwertige Entsorgungsmöglichkeiten geschaffen werden müssen. Zur Verbesserung der Situation hat das Land auf der Grundlage eines entwickelten technischen Konzeptes durch eine mehrheitliche Beteiligung an einer Entsorgungsgesellschaft und die Schaffung einer Zentralen Stelle zur öffentlich-rechtlichen Steuerung der Sonderabfallströme direkt eingegriffen.

Es stellt sich die Frage, ob dieser Eingriff notwendig war und ob das bestehende rechtliche Instrumentarium nicht zur Zielerreichung ausgereicht hätte.

Das Abfallrecht arbeitet überwiegend mit dem Instrumentarium der Auflagen. Die Möglichkeit, auf die Gestaltung von Abfallentsorgungsanlagen Einfluß zu nehmen, bietet diese Vorgehensweise nur, soweit bereits ein entsprechender Antrag auf Errichtung einer Anlage vorliegt. Auch dann kann der jeweils beantragte Entsorgungstyp nur entsprechend dem jeweiligen Stand der Technik modifiziert werden; die Errichtung eines anderen Entsorgungstyps, z. B. Errichtung einer Verbrennungsanlage statt einer Deponie kann nicht herbeigeführt werden.

Auch die Wirkungsmöglichkeiten des umweltplanerischen Instrumentariums des Abfallrechts sind im Hinblick auf das vorgegebene Ziel beschränkt. So kann die Verabschiedung eines Fachplanes nach § 6 des Abfallgesetzes zur Regelung der Sonderabfallentsorgung den Aufbau einer Entsorgungsstruktur nicht herbeiführen, sondern nur eine Entwicklung lenken, die von entsprechenden Trägern von Sonderabfallentsorgungsanlagen herbeigeführt werden muß.[12]

Eine indirekte Möglichkeit, die Privatwirtschaft zur Errichtung geeigneter Anlagen zu veranlassen, bietet der § 5 Abs. 1 Nr. 3 des Bundes-Immissionsschutzgesetzes (BImSchG). Danach sind genehmigungsbedürftige (Industrie-) Anlagen so zu errichten, daß Reststoffe – sofern die Vermeidung oder Verwertung technisch nicht möglich oder zumutbar ist – als Abfälle ohne Beeinträchtigung des Wohls der Allgemeinheit beseitigt werden können.[13] Die Errichtung einer geeigneten Abfallentsorgungsanlage stellt sich hier als notwendiger Teilbaustein des gesamten Investitionskonzeptes dar. Auch kann in der Regel davon ausgegangen werden, daß bei Trägern solcher Anlagen die technischen und wirtschaftlichen Voraussetzungen für eine Beherrschung der Sonderabfallproblematik vorhanden sind.

Eine solche indirekte Wirkung des BImSchG versagt aber bei kleineren Unternehmen, deren Anlagen nicht genehmigungspflichtig sind. Darüber hinaus haben solche Unternehmen nicht das technische und wirtschaftliche Potential alle mit der Entsorgung zusammenhängenden Fragen eigenständig zu lösen. Damit sind solche Unternehmen bei einer rein privatwirtschaftlichen Organisation der Sonderabfallentsorgung auf Dienstleistungsangebote Dritter angewiesen. Ein solches Dienstleistungsangebot muß angesichts des gestreuten Aufkommens einer Vielzahl unterschiedlicher Sonderabfallarten aus kleinen und kleinsten Abfallstellen eher zentral organisiert werden und kommt somit einer staatlichen Lösung entgegen.

Damit bietet das bestehende rechtliche Instrumentarium insgesamt keine Möglichkeit, die vorgegebenen Ziele des technischen Konzeptes durch entsprechende Steuerung der Privatwirtschaft zu erreichen. Bezieht man die Erfahrung der Niedersächsischen Landesregierung mit der Sonderabfalldeponie Münchehagen ein, so ist das staatliche Eingreifen des Landes in der erläuternden Art und Weise als erforderlich zu bezeichnen.

Bei einem weiteren Beibehalten einer rein privatwirtschaftlich betriebenen Sonderabfallentsorgung hätte die Gefahr bestanden, daß Niedersachsen auf längere Zeit nicht die notwendigen Kapazitäten an hochwertigen Entsorgungsanlagen erhält.

So sind auch in dem Marktbereich, der zunächst noch ausschließlich der Privatwirtschaft überlassen worden ist, nach vier Jahren seit Erscheinen des

---

12 Zu den begrenzten Möglichkeiten des Aufbaus einer Entsorgungsstruktur über einen Fachplan vgl. Jung, G., Die Planung in der Abfallwirtschaft, Berlin 1988.

13 Vgl. Feldhaus, G., Bundes-Immissionsschutzrecht, Kommentar, 23. Erg. Lfg.-Immissionsschutz, § 5 S. 4/5.

Rahmenplanes Sonderabfallbeseitigung erst zwei Sonderabfallverbrennungsanlagen in einem konkreten Planungsstadium.[14] Die Zurückhaltung der Privatwirtschaft dürfte in erster Linie auf die Probleme bei der Standortdurchsetzung und die Gefahr der Nichtauslastung der Anlagen zurückzuführen sein. Vor diesem Hintergrund ist es auch nicht realistisch anzunehmen, daß aufgrund rein privater Initiative das Ringschacht- oder insbesondere das Kavernenprojekt vorangetrieben worden wäre.[15]

Zu beachten ist, daß das staatliche Eingreifen seine volle Wirksamkeit erst durch das Zusammenwirken privatrechtlicher und öffentlich-rechtlicher Elemente entfaltet. Mit der Gründung der NGS ist zunächst lediglich eine Abfallentsorgungsgesellschaft mit Landesbeteiligung geschaffen worden. Wäre es allein bei der Gründung dieser Gesellschaft geblieben, wäre der Einfluß des Landes auf den Sonderabfallmarkt begrenzt geblieben. Darüber hinaus hätte die Gefahr bestanden, daß die geplanten technisch-hochwertigen und damit teuren Anlagen – wie die Ringschachtdeponie und die Kavernendeponie – sich am Markt überhaupt nicht behaupten können, da der Markt mit seiner Tendenz zur Billigentsorgung zunächst andere zugelassene Anlagen in anderen Ländern präferiert.

Insofern stellt der Andienungszwang und die damit verbundene Steuerung eine notwendige organisationsrechtliche Ergänzung zum angestrebten technischen Konzept des Landes dar. Durch die Beleihung der Niedersächsischen Gesellschaft zur Endablagerung von Sonderabfall mbH mit der Zentralen Stelle für Sonderabfall erhält diese Gesellschaft die entscheidende Marktstellung im Sonderabfallmarkt Niedersachsen.

Aufgrund dieser Marktstellung kann sie

- ein ausreichendes Angebot zur flächendeckenden und abfallspezifischen Sonderabfallentsorgung sicherstellen,
- die Auslastung der geplanten Anlagen gewährleisten und den Abfallexport reduzieren,
- der mittelständischen Industrie eine ausreichende Entsorgungssicherheit gewährleisten,
- die Preisgestaltung so vornehmen, daß bisher externe Kosten bei den Sonderabfallerzeugern internalisiert werden,
- das einzuhaltende Entsorgungsverfahren und eine Vorbehandlung der Sonderabfälle vorschreiben,

[14] Vgl. hierzu Pkt. 4.6.4.

[15] Vgl. hierzu Pkt. 4.6.2 und Pkt. 4.6.3.

- auf die Einhaltung der Vermeidungs- und Verwertungsgebote hinwirken.[16]

Als Zentrale Stelle ist die Niedersächsische Gesellschaft zur Endablagerung von Sonderabfall mbG ferner Träger der Sonderabfallentsorgung in Niedersachsen und kann somit alle notwendigen Abfallentsorgungsanlagen selbst errichten sowie Beteiligungen an derartigen Anlagen erwerben.[17] Damit sind die Betätigungsmöglichkeiten der Gesellschaft über den ursprünglichen Ansatz – Beschränkung auf Deponien – erweitert worden. Hiervon muß sie aber nicht zwingend Gebrauch machen, solange sie auf dem Markt genügend Partner findet, die bereit sind, geeignete Anlagen zu errichten oder entsprechende Entsorgungsverträge anzubieten.

Das niedersächsische Organisationskonzept kombiniert damit alle drei in Pkt. 3.2.1 aufgezeigten Organisationsebenen. Im Bereich der betriebseigenen Deponien wird die bundesrechtliche Regelung beibehalten und es bleibt bei einer rein privatwirtschaftlichen Organisation der Sonderabfallentsorgung. Dieser Ansatz ist angesichts der überschaubaren Zahl der betriebseigenen Deponien und des produktionsspezifischen engen Einlagerungsspektrums gerechtfertigt. Notwendig ist allerdings eine intensive Überwachung dieser Deponien und die Anpassung an den Stand der Technik durch entsprechende Auflagen. Mit der beabsichtigten Verlagerung der Überwachungsaufgaben von der unteren Abfallbehörde auf die Bezirksregierungen und den Erlaß des Nieders. Umweltministers vom 29.12.1988 zur Einleitung einer umfassenden Gefährdungsabschätzung aller betriebseigenen Deponien sind hier die notwendigen Schritte eingeleitet.[18]

Mit der Gründung der Niedersächsischen Gesellschaft zur Endablagerung von Sonderabfall mbH (NGS) und der mehrheitlichen Landesbeteiligung ist ein privatwirtschaftlicher Träger geschaffen worden, der insbesondere die notwendige Langzeitsicherheit von ober- und untertägigen Sonderabfalldeponien gewährleisten kann. Zu beachten ist, daß die Gesellschaft aus rechtlicher Sicht in Niedersachsen nicht die alleinige Berechtigung für den Bau und Betrieb allgemein zugänglicher Sonderabfalldeponien besitzt. Angesichts der Marktmacht der Gesellschaft ist es faktisch gesehen zwar unwahrscheinlich, rechtlich jedoch möglich, daß andere Privatfirmen ent-

---

[16] Gemäß § 3 der Verordnung über die Andienung von Abfällen vom 21. April 1989, Nieders. GVBl. v. 26. 4. 1989, S. 183 i. V. mit der Bek. d. MU v. 28.4.1989, Nds. MBl. Nr. 18/1989, S. 579 kann die Zentrale Stelle eine verantwortliche Erklärung (VE) des Abfallbesitzers über die Abfallherkunft und Beschaffenheit verlangen. Im Rahmen dieser verantwortlichen Erklärung wird sowohl die Abfallherkunft als auch der Frage nachgegangen, ob eine Verwertung des Abfalles möglich ist.

[17] Vgl. § 3 Abs. 6 des Vorschaltgesetzes, s. Pkt. 4.5.3.

[18] Zur Regelung der Überwachungsaufgaben vgl. § 25 Abs. 3 des Entwurfes zum neuen Nieders. Abfallgesetz (NAbfG).

sprechende Planfeststellungsanträge für Sonderabfalldeponien stellen. Durch geeignete öffentlich-rechtliche Schritte – z. B. Teilplan nach § 6 Abs. 3 AbfG – kann hier eine Absicherung vorgenommen werden.

Die Beleihung der Niedersächsischen Gesellschaft zur Endablagerung von Sonderabfall mbH mit der Zentralen Stelle für Sonderabfälle kommt praktisch der Bildung eines öffentlichen Trägers in diesem Bereich gleich, da die Beziehungen zwischen den Sonderabfallerzeugern und der Zentralen Stelle öffentlich-rechtlich geregelt sind. Die Ausbildung der Zentralen Stelle als Träger der Sonderabfallentsorgung in Niedersachsen bietet darüber hinaus Gewähr, daß die Zentrale Stelle subsidiär alle Maßnahmen ergreifen kann zur Sicherstellung der Sonderabfallentsorgung in Niedersachsen, die durch rein privatwirtschaftliche Aktivitäten und Initiativen nicht abgedeckt werden.

Insgesamt weist damit dieses dreidimensionale Organisationsmodell eine hohe Flexibilität auf und kombiniert damit im besonderen Maße die jeweiligen Vorteile aus einer rein privatwirtschaftlich und einer rein staatlichen Sonderabfallwirtschaft.

Darüber hinaus ist die Privatwirtschaft entsprechend dem Verursacherprinzip und Kooperationsprinzip in der Niedersächsischen Gesellschaft zur Enablagerung von Sonderabfall mbH – wenn auch als Minderheitsgesellschaft mit 49 % – eingebunden und trägt somit zur Finanzierung der angestrebten Lösung bei. Ferner ist davon auszugehen, daß die gewählte Rechtsform als Gesellschaft mit beschränkter Haftung am ehesten die Gewähr für eine kostendeckende Lösung bietet und somit immanent der Gefahr einer möglichen versteckten Subventionierung und damit einem Unterlaufen des Verursacherprinzips entgegenwirkt.[19]

Solange die Privatwirtschaft entsprechend dem Kooperationsprinzip ihren Verpflichtungen als Mitgesellschafter nachkommt, sprechen diese Vorteile dann auch dagegen, die NGS in rein staatlicher Form oder als öffentlich-rechtliche Körperschaft zu betreiben. Auch aus der Sicht der staatlichen Abfallüberwachung bestehen bei einer rein staatlichen Lösung ordnungspolitische Bedenken, da der Staat in diesem Falle seine eigenen – staatlichen – Abfallanlagen überwacht.[20]

---

19 Aus volkswirtschaftlicher Sicht ist dem Verursacherprinzip ausreichend Rechnung getragen, wenn der Sonderabfallerzeuger alle Kosten – auch Umweltkosten – der Entsorgung trägt. Eine unmittelbare Entsorgung des Sonderabfalls durch den Erzeuger ist nicht notwendig. Vgl. hierzu Faber, M., Umdenken in der Abfallwirtschaft – Eine ökonomische Analyse – in: Ministerium für Umwelt Baden-Württemberg (Hrsg.), Leben ohne Müll, Stuttgart 1989, S. 57.

20 Vgl. Koch, H. – J., Altlasten – eine umweltpolitische Herausforderung, in : E. Brandt (Hrsg.), Altlasten, Taunusstein 1988, S. 16.

Mit der vorgenommen Preisanhebung auf durchschnittlich 320,00 DM/t hat Niedersachsen die höchsten Einlagerungspreise für obertägige Sonderabfalldeponierung in der Bundesrepublik Deutschland und in der EG.

Gegenüber den Entsorgungskosten von durchschnittlich 80,00 DM/t z. Zt. der SAD Münchehagen stellt dies eine Vervierfachung dar. Das jetzt erreichte Preisniveau dürfte insbesondere für die Erzeuger größerer Abfallmengen ein spürbarer Anreiz sein, spezielle Vermeidungsstrategien zu entwickeln. Größere Wettbewerbsnachteile sind für die niedersächsische Wirtschaft auf Dauer heraus nicht zu erwarten, da zum einen in der Deponie auch Abfälle aus anderen Bundesländern entsorgt und zum anderen auch Deponiebetreiber außerhalb Niedersachsens ihre Preise angehoben haben.

Nicht verkannt werden darf, daß die Marktmacht der NGS weitgehend an den Grenzen des Landes Niedersachsen endet. Soweit sie daher auf Entsorgungsanlagen außerhalb Niedersachsens angewiesen ist, können hieraus Probleme entstehen, die sie ohne Hilfe des Landes nicht lösen kann. Gerade weil bis zur Erstellung der fehlenden Anlagen verstärkt auf Anlagen außerhalb von Niedersachsen zugegriffen werden muß, sollten hier entsprechende Rahmenverträge zwischen den Ländern geschlossen werden, die die Zusammenarbeit der jeweiligen Landesgesellschaften regeln.

Völlig offen ist bisher die organisatorische Regelung der Altlastenproblematik. Es existiert zwar ein Modellentwurf,[21] aber bisher hat sich die Niedersächsische Landesregierung noch nicht abschließend für ein Altlastenmodell entschieden.

Sicher wird zu prüfen sein, ob es angemessen ist – wie in dem Modellentwurf vorgesehen –, für die Entsorgung von Sonderabfällen erneut „freiwillige" Aufschläge zu erheben, nachdem die Zentrale Stelle im Rahmen der Andienungspflicht bereits für jeden Entsorgungsvorgang eine Verwaltungspauschale erhebt.[22]

Es könnte durchaus eine denkbare Lösung sein, die Verwaltungspauschale zumindest teilweise im Rahmen eines Kooperationsvertrages mit zur Altlastenfinanzierung unter dem Verzicht „freiwilliger" Aufschläge heranzuziehen. In diesem Zusammenhang erhebt sich auch die Frage, ob es tatsächlich notwendig ist, eine weitere neue Gesellschaft für den Problembereich Sonderabfall – diesmal eine Altlastenbehandlungs-Gesellschaft – zu gründen. Da mit der Niedersächsischen Gesellschaft zur Endablagerung von Sonderabfall mbH als Zentraler Stelle bereits ein Instrumentarium existiert, das einen vollständigen Überblick über die Sonderabfallproblematik besitzt,

21 Vgl. Pkt. 3.4.4.3.

22 Vgl. Pkt. 4.5.3.

bietet es sich an, wie z. B. in Rheinland-Pfalz und Nordrhein-Westfalen einen integrierten Ansatz zu wählen, und diese Gesellschaft auch mit der Organisation der Altlastensanierung zu beauftragen.

5.3 Bewertung des Umsetzungsstandes

Im Rahmen der Erarbeitung des neuen Konzeptes der Sonderabfallentsorgung in Niedersachsen sind niemals Zeitmarken genannt worden, bis zu denen bestimmte Zeitziele abgearbeitet sein sollten.

Grundsätzlich läßt sich feststellen, daß angesichts der derzeitigen Entsorgungsprobleme in der Bundesrepublik und in Niedersachsen das Programm so schnell wie möglich umzusetzen ist. Die notwendigen organisatorischen Maßnahmen sind in Niedersachsen zügig und zielgerichtet vorgenommen worden. So ist die NGS bereits 1985 gegründet worden und für die Einführung der Andienungspflicht ist zur Beschleunigung speziell ein Vorschaltgesetz im Landtag eingebracht worden.

Das Problem ist die Realisierung des technischen Konzeptes, die Errichtung neuer Entsorgungsanlagen. Nach den derzeitigen Terminplanungen werden wesentliche der seit fünf Jahren als notwendig erachteten Anlagen nicht vor 1992 zur Verfügung stehen. Die Salzkavernendeponie wird sogar voraussichtlich erst ab 1995 ihren Betrieb aufnehmen können. Dabei muß ggf. infolge von Verwaltungsgerichtsprozessen mit weiteren Verzögerungen gerechnet werden. Dies bedeutet, daß in Niedersachsen die Entsorgungssituation in den nächsten Jahren nicht durchgreifend verbessert werden kann und Niedersachsen verstärkt auf den Export von Sonderabfall angewiesen bleiben wird.

Die Ursache für die langen Umsetzungsfristen ist nicht so sehr in technischen Problemen zu sehen. Hauptursache für die lange Umsetzungszeit ist mangelnde Akzeptanz des Konzeptes bei der Bevölkerung der betroffenen Standortregionen.

Grundsätzlich ist zwar festzustellen, daß das Akzeptanzproblem frühzeitig von den Trägern des Konzeptes richtig eingeschätzt und eine frühzeitige und offene Informationspolitik über alle Wirkungen des Konzeptes eingeleitet worden ist. So sind der Rahmenplan Sonderabfallbeseitigung Niedersachsen sowie alle im Laufe der Standortfindungen erarbeiteten Gutachten breit und kostenlos gestreut worden, um die Bürger an den Entscheidungsvorbereitungen zu beteiligen und ihnen eine angemessene Informationsbasis zu verschaffen. Das technische Konzept ist im Rahmen einer Expertenanhörung am 05. und 07. Mai 1987 öffentlich in Hannover erörtert worden. Darüber hinaus hat am 05. Oktober 1987 in Aurich ein Expertengespräch über das Salzkavernenprojekt stattgefunden.[23]

Bei den potentiellen Standortgemeinden für Entsorgungsanlagen haben darüber hinaus spezielle Diskussionstermine mit Vertretern der Niedersächsischen Landesregierung stattgefunden.[24]

Trotzdem muß z. Z. bei realistischer Einschätzung der Sachlage davon ausgegangen werden, daß gegen jeden der notwendigen Planfeststellungsbeschlüsse Klage erhoben werden wird. Dabei werden voraussichtlich nicht nur betroffene Bürger, sondern auch verschiedene Standortgemeinden von ihrem Klagerecht Gebrauch machen.

Ferner ist festzustellen, daß trotz der am 21. 9. 1988 in Hannover durchgeführten „Konzertierten Aktion Sonderabfall" letztlich kein politische Konsens in Fragen der Sonderabfallentsorgung in der Bundesrepublik Deutschland und in Niedersachsen herrscht.[25]

Infolge dieser gesellschaftspolitischen Situation werden die angestrebten Planfeststellungsverfahren letztlich nur erfolgreich sein können, wenn sie äußerst detailliert und sorgfältig durch entsprechende Gutachten unterstützt durchgeführt werden. Trotz aller Bemühungen besteht somit die Gefahr, daß sich die Verfahrensdauer, die heute schon bis zu 2 Jahren für Sonderabfallentsorgungsanlagen beträgt, noch weiter verlängert.[26]

Eine Verbesserung der genehmigungsrechtlichen Situation kann evtl. die Umweltverträglichkeitsprüfung bewirken, die in Kürze im Rahmen der Umsetzung der entsprechenden EG-Richtlinie in der Bundesrepublik Deutschland auch für Sonderabfallentsorgungsanlagen durchzuführen ist.

Voraussetzung ist allerdings, daß es gelingt, dieses neue Verfahren in die bestehenden Verfahren so zu integrieren, daß sich die Verfahrensdauer nicht noch weiter verlängert.[27]

Insgesamt ist daher eine Prognose, wann die neuen Anlagen zur Verfügung stehen werden, äußerst schwierig zu treffen. Wenn aber die ins Auge

---

23 Vgl. Nieders. Umweltminister, Pressemitteilung 161/87 vom 5.10.87.

24 Vgl. z. B.: Der zuständige Minister vor Ort, Frankfurter Allgemeine Zeitung vom 12.06.1987, S. 7.

25 Zur „Konzertierten Aktion Sonderabfall" der Umweltminister des Bundes, der Länder und der Gewerkschaften sowie der Parteien des Bundestages und der Länder siehe: Jaron, A., Konzertierte Aktion Sonderabfallentsorgung in Hannover am 21. September 1988, Müll und Abfall, 1988, S. 562.

26 Siehe hierzu: Bericht einer Arbeitsgruppe, Schnellere und kalkulierbare Genehmigungsverfahren, Hannover 1988.

27 Vgl. Uppenbrink, M., Umweltverträglichkeitsprüfung – Furcht und Hoffnung –, Entsorgungspraxis, 1988, S. 586.

gefaßten Anlagen Anfang und Mitte der 90er Jahre realisiert werden sollen, dürfte dies ohne eine breitere Unterstützung des Konzeptes innerhalb der Gesellschaft nur schwer möglich sein.

6. Zusammenfassung und Ausblick

In der Bundesrepublik Deutschland und auch in Niedersachsen sind in der Nachkriegszeit die Entsorgungsprobleme, die infolge der starken Industrialisierung durch Sonderabfall entstehen, verkannt worden. Mittlerweile hat ein hat ein starker Umdenkungsprozeß eingesetzt. Es stehen nunmehr Entsorgungskonzepte zur Verfügung, die das Entstehen neuer Altlasten und damit die Einschränkung der Lebensgrundlagen künftiger Generationen verhindern können. Die Umsetzung des hierfür notwendigen technischen Konzeptes bereitet allerdings erhebliche Schwierigkeiten, da neue Sonderabfallentsorgungsanlagen von der Bevölkerung – insbesondere in den potentiellen Standortgemeinden – abgelehnt werden. Da die bisherige Entsorgung in Deponien immer stärker eingeschränkt werden wird, kann die Entsorgung der Sonderabfälle bis zur Realisierung der neuen Anlagen nur durch verstärkten Export in das Ausland gewährleistet werden.

Teilweise wird diese Vorgehensweise von einigen gesellschaftlichen Gruppen bereits als Lösung angesehen, und insbesondere der Export in die EG-Länder im Rahmen des Binnenmarktes wird als die künftige Lösung betrachtet. Kommt es tatsächlich dazu, sind besonders die organisatorischen Lösungen, die auf einen Anschluß- und Benutzerzwang oder eine Andienungspflicht – wie in Niedersachsen – abstellen und damit den Markt im Hinblick auf eine höherwertige Entsorgung regulieren wollen, gefährdet.

Ein neues Ventil in Richtung Billigentsorgung – diesmal EG-weit – könnte die Folge sein. Ob es hierzu kommt, dürfte allerdings aus zweierlei Gründen zweifelhaft sein. Zum einen ist z. Zt. noch unklar, ob Abfall überhaupt im Sinne der Artikel 30 ff. des EWG-Vertrages als Handelsware anzusehen ist, denn für Abfälle wird kein Entgelt geboten oder gezahlt. Damit ist es nicht zwingend vogegeben, daß die Abfallentsorgung unter die geplante Liberalisierung des Waren- und Dienstleistungsverkehres des EG-Binnenmarktes ab 1992 fällt.[1] Auch werden bei der Interpretation des EG-Rechts die Vorschriften der Artikel 5 und 6 der Richtlinie des Rates über Abfälle (75/442/EWG) übersehen, die die Einführung des Anschluß- und

[1] Der Bundesminister für Umwelt, Naturschutz und Reaktorsicherheit vertritt die Auffassung, daß Abfall nicht der uneingeschränkten Freiheit des Warenverkehrs und der Dienstleistungsfreiheit nach dem EWG-Vertrag unterliegt. Vgl. Töpfer, K., Eröffnungsansprache anläßlich der 4. Fachmesse der Entsorgungswirtschaft „Entsorga" am 14. 09. 1988 zum Thema: Nationale Entsorgungsinfrastruktur und EG-Binnenmarkt.

Benutzerzwanges oder eine anderweitige Lenkung der Abfallströme ermöglichen. Diese Vorschriften gelten insbesondere auch für "giftige und gefährliche Abfälle" im Sinne der Richtlinie 78/319/EWG, die es den Mitgliedstaaten darüber hinaus in Artikel 8 freistellt, "Jederzeit strengere Vorschriften für diese Abfälle festzulegen, als die in der Richtlinie vorgesehen."

Zweitens sollte das zunehmende Umweltbewußtsein in den anderen EG-Ländern nicht unterschätzt werden. Es wird nicht auf Dauer garantiert sein, daß die anderen EG-Staaten bereit sind, ständig den "Giftmüll" der hochindustrialisierten Bundesrepublik Deutschland zu übernehmen. Auch in diesen Staaten wird sich der Widerstand der Bevölkerung gegen solche Anlagen verstärken. Kommt es dazu, wäre die wirtschaftliche Entwicklung der Bundesrepublik Deutschland gefährdet, wenn die heute geplanten Entsorgungskonzepte nicht realisiert sind.

Anhang

Tabelle 1
Sonderabfallaufkommen in Niedersachsen 1984

1. <u>In Niedersachsen nachgewiesene Abfälle</u> : 381.410 m^3

davon per

- Begleitscheinen	: 314.230 m^3
- Nachweislisten	: 67.180 m^3
	381.410 m^3

2. <u>Länderverbund</u> : + 1.910 m^3

"Export"		"Import"	
Baden-W.	450	Baden-W.	300
Bayern	660	Bayern	< 10
Berlin	0	Berlin	1.370
Bremen	8.850	Bremen	2.080
Hamburg	6.200	Hamburg	7.750
Hessen	6.120	Hessen	10.160
Nordrh.-W.	27.300	Nordrh.W.	28.520
Rh.-Pfalz	0	Rh.-Pfalz	1.140
Saarland	0	Saarland	1.530
Schl.-H.	110	Schl.-H.	1.370
Ausland	2.620	Ausland	0
	52.310 m^3		54.220 m^3

= 1.910 m^3

3. <u>DDR</u> : - 59.050 m^3

- Schönberg :	59.050
- Wolfen :	0
- Schöneiche:	
	59.050 m^3

4. <u>In Niedersachsen entsorgte Abfälle</u> : 324.270 m^3

==============

Quelle: Erstellt nach unveröffentlichten Angaben des Niedersächsischen Landesamtes für Wasser und Abfall

Tabelle 2
Sonderabfallaufkommen in Niedersachsen 1985

1. In Niedersachsen nachgewiesene Abfälle : 356.490 m3

davon per

- Begleitscheinen	:	299.940 m3
- Nachweislisten	:	56.550 m3
		356.490 m3

2. Länderverbund : + 38.970 m3

"Export"		"Import"	
Baden-W.	1.570	Baden-W.	270
Bayern	800	Bayern	10
Berlin	0	Berlin	420
Bremen	17.940	Bremen	5.560
Hamburg	8.270	Hamburg	12.030
Hessen	3.150	Hessen	1.210
Nordrh.-W.	47.330	Nordrh.W.	22.710
Rh.-Pfalz	< 10	Rh.-Pfalz	220
Saarland	0	Saarland	80
Schl.-H.	410	Schl.-H.	1.040
Ausland	4.050	Ausland	0
	83.520 m3		44.550 m3

= 38.970 m3

3. DDR : - 53.210 m3

- Schönberg	:	52.880
- Wolfen	:	330
- Schöneiche	:	0
		53.210 m3

4. In Niedersachsen entsorgte Abfälle : 264.310 m3

==============

Quelle: Erstellt nach unveröffentlichten Angaben des Niedersächsischen Landesamtes für Wasser und Abfall

Tabelle 3
Sonderabfallaufkommen in Niedersachsen 1986

1. In Niedersachsen nachgewiesene Abfälle : 347.800 m^3

davon per
- Begleitscheinen : 295.520 m^3
- Nachweislisten : 52.280 m^3

347.800 m^3

2. Länderverbund : - 52.210 m^3

"Export"		"Import"	
Baden-W.	120	Baden-W.	1.590
Bayern	780	Bayern	80
Berlin	< 0	Berlin	880
Bremen	32.850	Bremen	5.600
Hamburg	11.950	Hamburg	12.670
Hessen	2.740	Hessen	2.400
Nordrh.-W.	55.270	Nordrh.W.	29.470
Rh.-Pfalz	40	Rh.-Pfalz	2.080
Saarland	0	Saarland	30
Schl.-H.	480	Schl.-H.	3.850
Ausland	6.630	Ausland	0
	110.860 m^3		58.650 m^3

= 52.210 m^3

3. DDR : - 43.170 m^3

- Schönberg : 42.550
- Wolfen : 520
- Schöneiche : 100

43.170 m^3

4. In Niedersachsen entsorgte Abfälle : 252.420 m^3

==============

Quelle: Erstellt nach unveröffentlichten Angaben des Niedersächsischen Landesamtes für Wasser und Abfall

Tabelle 4
Sonderabfallaufkommen in Niedersachsen 1987

1. In Niedersachsen nachgewiesene Abfälle : 420.750 m^3

davon per
- Begleitscheinen : 365.520 m^3
- Nachweislisten : 55.230 m^3

420.750 m^3

2. Länderverbund : - 11.860 m^3

"Export"		"Import"	
Baden-W.	800	Baden-W.	10.270
Bayern	790	Bayern	3.310
Berlin	40	Berlin	3.630
Bremen	33.360	Bremen	9.250
Hamburg	19.330	Hamburg	16.950
Hessen	3.570	Hessen	6.010
Nordrh.-W.	66.350	Nordrh.W.	58.030
Rh.-Pfalz	< 10	Rh.-Pfalz	4.970
Saarland	0	Saarland	110
Schl.-H.	340	Schl.-H.	5.350
Ausland	5.160	Ausland	0
	129.740 m^3		117.880 m^3

= 11.860 m^3

3. DDR : - 55.990 m^3
- Schönberg : 55.920
- Wolfen : 70
- Schöneiche : 0

55.990 m^3

4. In Niedersachsen entsorgte Abfälle : 352.900 m^3

==============

Quelle: Erstellt nach unveröffentlichten Angaben des Niedersächsischen Landesamtes für Wasser und Abfall

Tabelle 5
Sonderabfallaufkommen in Niedersachsen gegliedert nach Abfallarten in den Jahren 1984 bis 1987
(Stand 01.10.1988)

Basis Begleitscheine

Abfall-schlüssel	Abfallart	Mengen in Kubikmetern 1984	1985	1986	1987
1	Abfälle pflanzlichen und tierischen Ursprungs sowie von Veredlungspr. (o. Gummi- und Textil-, Siedl.- u. Krankenh.-Abf.)	31196	32070	23994	29283
11	Nahrungs- und Genußmittelabfälle (ohne Abfälle aus Fettproduktion und Schlachtung)	105	94	162	166
111	Nahrungsmittelabfälle	105	94	160	154
11102	Überlagerte Nahrungsmittel	33	94	160	154
11103	Spelze, Spelzen- und Getreibestaub	3	0	0	0
11107	Schlamm aus Essigfabrikation	69	0	0	0
114	Genußmittelabfälle	0	0	2	12
11402	Tabakstaub, -grus, -rippen, -schlamm	0	0	0	12
11421	Spül- und Waschwasser (organisch belastet)	0	0	2	0
12	Abfälle pflanzlicher und tierischer Fettprodukte	8965	4618	4313	5239
121	Abfälle aus pflanzlichen und tierischen Ölen	58	212	107	35
12102	Verdorbene Planzenöle	7	41	6	35
12103	Ätherische Öle	51	171	101	0
123	Abfälle aus pflanzlichen und tierischen Fetten und Wachsen	1241	1222	636	218
12301	Wachse	867	678	163	2
12302	Fettabfälle	82	145	118	78
12303	Ziehmittelrückstände	291	398	355	138
12304	Fettsäurerückstände	1	1	0	0
125	Emulsionen und Gemische mit pfl. und tier. Fettprodukten	6372	3172	3551	4948
12501	Inhalt von Fettabscheidern	6356	3134	3540	4772
12502	Molke	1	0	0	0
12503	Öl-, Fett-, Wachsemulsionen	15	38	11	176
127	Schlämme mit pflanzlichen und tierischen Fett-produkten	1294	12	19	38
12702	Schlamm aus Speisefettfabrikation	1294	12	19	38
13	Abfälle aus Tierhaltung und Schlachtung	32	1	0	0
131	Schlachtabfälle	30	0	0	0
13104	Geflügelabfälle	30	0	0	0

Quelle: Niedersächsisches Landesamt für Wasser und Abfall

Abfall-schlüssel	Abfallart	Mengen in Kubikmetern 1984	1985	1986	1987
134	Tierkörper	2	1	0	0
13401	Versuchstiere	2	1	0	0
14	Häute- und Lederabfälle	342	1704	915	334
141	Abfälle von Häuten und Fellen	0	1484	616	0
14101	Leimleder	0	1484	616	0
144	Abfälle aus Gerbereien (ohne Gerbstoffe)	274	10	98	111
14401	Äschereischlamm	241	0	0	0
14402	Gerbreischlamm	33	10	98	111
147	Lederabfälle	68	210	201	223
14701	Lederabfälle aus Chromgerbereien	68	165	171	192
14704	Lederschleifschlamm, Ledermehl	0	45	30	31
17	Holzabfälle	624	1312	701	1349
171	Holzabfälle	624	1312	701	1349
17109	Holzhorden aus Koksgasreinigung	0	710	255	0
17114	Schlamm und Staub aus Spanplattenherstellung	200	202	28	38
17115	Sägemehl und -späne, ölgetränkt	386	339	407	546
17117	Sägemehl und -späne, sonstig verunreinigt	38	61	10	2
17118	Holzemballagen, Holzabf. mit produktionsspezif.	0	0	1	763
18	Zellulose-, Papier- und Pappeabfälle	20907	23992	17556	22177
184	Abfälle aus Zelluloseverarbeitung (ohne Chemikalien)	12774	17351	11971	15697
18401	Rückstände aus Papiergewinnung (Spuckstoffe)	2970	0	0	0
18402	Schlamm aus Papierfabrikation	9795	17310	11954	15642
18405	Alkylzelluloseabfälle	9	41	17	55
187	Papier- und Pappeabfälle	8133	6641	5585	6480
18701	Schnitt- und Stanzabfälle	2	0	0	0
18702	Verunreinigte Zellstofftücher	214	225	194	162
18704	Wachsgetränktes Papier	6	0	0	0
18708	Verunreinigtes Verpackungsmaterial	7294	6293	5227	6221
18709	Papierfilter, ölgetränkt	63	33	109	31
18710	Papierfilter, sonstig verunreinigt	43	45	55	66
18799	Verpackungsmaterial, chemisch verunreinigt	511	45	0	0
19	Andere Abfälle tier. und pfl. Ursprungs sowie von Veredlungspr. (o. Gummi- und Textil-, Siedl.- und Krankenh.-Abf.)	221	349	347	18
199	Sonst. Abf. tier. und pfl. Ursprungs, sowie von Veredl.-Pr.	221	349	347	18
19901	Stärkeschlamm aus Abscheidern	26	10	5	18
19908	Seifenunterlaugen	195	339	342	0

Abfall-schlüssel	Abfallart	Mengen in Kubikmetern 1984	1985	1986	1987
3	Abfälle mineralischen Ursprungs sowie von Veredl.-Produkten	61004	66788	60937	112726
31	Abfälle mineralischen Ursprungs (ohne Metallabfälle	55979	63759	57065	107375
311	Ofenausbrüche, Hütten- und Gießereischutt	920	1084	1075	1193
31101	Hütten- und Gießereischutt	579	869	826	919
31103	Ofenausbruch aus metallurgischen Prozessen	0	0	0	3
31104	Ofenausbruch aus nichtmetallurgischen Prozessen	20	0	2	0
31108	Ofenausbruch aus metallurg. Proz. mit prod.-spez. Beimeng.	321	201	183	227
31109	Ofenausbruch aus n. metallurg. Proz. m. prod.-spez. Beimeng.	0	14	64	44
312	Metallurgische Schlacken, Krätzen und Stäube	8653	14514	15816	23929
31202	Kupolofenschlacke	0	0	0	14
31203	Schlachen aus NE-Metallschmelzen	4695	10465	13152	22046
31205	Leichtmetallkrätzen, aluminiumhaltig	13	0	0	0
31215	Giftgasstäube	0	210	252	281
31216	Filterstäube, eisenmetallhaltig	3862	3839	2412	1588
31217	Filterstäube, NE-metallhaltig	83	0	0	0
313	Aschen, Schlacken und Stäube aus der Verbrennung	1180	437	4126	17056
31301	Flugaschen und Stäube	352	75	1596	2976
31302	Flugasche-Koks	3	0	0	0
31307	Kesselschlacke	0	0	6	31
31308	Schlacken und Aschen aus Müllverbrennungsanlagen	124	0	0	0
31309	Flugaschen und Stäube aus Müllverbrennungsanlagen	0	0	1919	9494
13110	Schlacken und Aschen aus Sonderabfallverbrennungsanlagen	11	15	11	0
31398	Feste Pyrolyserückstände	690	347	594	4555
314	Sonstige feste mineralische Abfälle	29922	28675	14964	41106
31401	Gießerei-Altsand	0	0	0	294
31402	Putzereisand, Strahlsand	119	68	26	29
31403	Kalksteinsand	9	10	0	0
31407	Keramikabfälle	0	9	0	0
31412	Asbestzementabfälle, Asbestzementstäube	30	5	0	8
31417	Aktivkohleabfälle	97	0	0	11
31421	Kohlenstaub	5	4	80	0
31423	Ölverunreinigter Boden	11418	11197	6490	6942
31424	Sonstige verunreinigte Böden	2720	5663	3671	19530
31425	Formsand	0	0	0	105
31426	Kernsand	0	0	15	56
31428	Verbrauchte Ölbinder	231	230	321	422
31430	Verunreinigte Mineralfaserabfälle	5	0	0	0
31432	Graphitabfälle, -staub, -schlamm	929	0	4	7
31433	Glas- und Keramikabf. mit produktionsspezifischen	127	320	414	739
31434	Verbrauchte Filter- und Aufsaugmassen	713	493	572	929
31435	Verbrauchte Filter- und Aufsaugmassen	594	617	860	883

Abfall-schlüssel	Abfallart	Mengen in Kubikmetern 1984	1985	1986	1987
31436	Asbestabfälle	18	68	24	79
31437	Asbeststaub	273	290	80	112
31439	Mineralische Rückstände aus Abgasreinigung	0	1	14	6
31440	Strahlmittelrückstände	637	9040	1489	3336
31441	Bauschutt, chemisch verunreinigt	11965	489	661	7579
31442	Kieselsäure- und Quarzabfälle	20	0	0	0
31443	Kieselsäure- und Quarzabf. mit produkt-spezifischen Beimeng.	8	0	120	30
31445	Gipsabfälle mit produktspezifischen Beimengungen	0	0	0	4
31496	Wärmemessröhrchen	4	1	3	5
31497	Gemengereste	0	170	120	0
316	Mineralische Schlämme	15304	19049	21084	24091
31601	Schlamm aus Betonherstellung	366	295	229	372
31602	Steinschleifschlamm	171	102	79	124
31610	Emailleschlamm, Emailleschlicker	18	124	141	127
31611	Graphitschlamm	10	0	0	0
31612	Kalkschlamm	61	41	57	231
31613	Gipsschlamm	0	0	1	0
31614	Schlamm aus Eisenhütten	757	538	556	297
31615	Schlamm aus Stahlwalzwerken	176	516	459	541
31617	Glasschleifschlamm	15	129	26	23
31618	Carbidschlamm	0	0	10	0
31619	Giftgasschlamm	654	215	930	63
31620	Gipsschlämme mit produktionsspezifischen Beimengungen	1802	2578	2940	3794
31621	Kalkschlämme mit produktionsspezifischen Beimengungen	7592	10637	10348	12387
31623	Dicalciumphosphatschlämme	4	2	1	1
31624	Eisenoxidschlämme aus Reduktionen	47	37	58	56
31626	Schlämme aus NE-Metallurgie	0	15	598	1501
31627	Aluminiumoxidschlämme	0	0	7	22
31631	Bariumsulfatschlamm	29	38	61	42
31633	Glasschleifschlämme mit produktionsspezifischen Beimengungen	457	525	587	491
31636	Bohrschlämme, verunreinigt	23	0	4	10
31637	Phosphatierschlamm	1356	867	1103	803
31638	Calciumsulfitschlamm	356	0	0	0
31639	Sonst. Schl. aus Fäll- und Löseprz. m. prod.-spez. Beimeng.	1410	2362	2889	3202
31641	Calciumfluoridschlamm	0	28	0	4
35	Metallabfälle	2545	2957	3855	5329
351	Eisen- und Stahlabfälle	2004	2174	2919	4780
35101	Eisenhaltiger Staub	21	27	10	10
35102	Zunder	93	71	4	0
35103	Schrott	1	0	0	0
35105	Metallemballagen, -behältnisse	6	0	0	0
35106	Metallemballagen und -behältnisse mit Reststoffen	1128	2076	2905	4770
35199	Eisenabfälle, sonstig verunreinigt	755	0	0	0

Abfall-schlüssel	Abfallart	Mengen in Kubikmetern 1984	1985	1986	1987
353	NE-Metallabfälle	204	514	624	238
35302	Bleiabfälle	139	423	434	0
35321	NE-metallhaltige Stäube	6	6	29	52
35322	Bleiakkumulatoren	2	3	8	4
35323	Nickel-Cadmium-Akkumulatoren	2	8	8	4
35325	Trockenbatterien (Trockenzellen)	18	52	121	160
35326	Quecksilber, quecksilberhaltige Rückstände	28	10	12	3
35327	NE-Metallemballagen und -behältnisse mit Reststoffen	0	3	2	3
35398	Kabelabfälle, ölverunreinigt	9	9	10	12
355	Metallschlämme	337	269	312	311
35501	Zinkschlamm	186	48	68	52
35502	Metallschleifschlamm	135	221	244	259
35504	Zinnschlamm	16	0	0	0
39	Andere Abfälle mineralischen Ursprungs sowie von Veredl.-Pr.	2480	72	17	22
399	Sonst. Abfälle mineralischen Ursprungs sowie von Veredl.-Pr.	2480	72	17	22
39904	Gasreinigungsmasse	2479	71	16	22
39905	Feuerlöschpulverreste	1	0	1	0
39907	Rückstände mit Elementarschwefel	0	1	0	0
5	Abfälle chemischer Umwandlungs- und Syntheseprodukte (einschl. Textilabfälle)	198835	192240	203270	216676
51	Oxide, Hydroxide, Salze	4784	5378	5735	6386
511	Galvanikschlämme	3761	4065	4699	5230
51101	Cyanidhaltiger Galvanikschlamm	200	249	312	327
51102	Chrom-(VI)-haltiger Galvanikschlamm	159	10	0	5
51103	Chrom-(III)-haltiger Galvanikschlamm	2330	2549	2493	2988
51104	Kupferhaltiger Galvanikschlamm	626	724	1105	1186
51105	Zinkhaltiger Galvanikschlamm	257	245	503	496
51106	Cadmiumhaltiger Galvanikschlamm	0	5	0	17
51107	Nickelhaltiger Galvanikschlamm	176	257	286	191
51110	Edelmetallhaltiger Galvanikschlamm	13	26	0	20
513	Sonstige Oxide und Hydroxide	214	199	45	333
51301	Zinkoxid	72	52	0	225
51302	Zinkhydroxid	1	0	11	46
51308	Aluminiumhydroxid	16	48	9	42
51309	Eisenhydroxid	125	99	25	20
515	Salze	809	1114	991	823
51504	Imprägniersalzabfälle	0	0	25	0
51511	Salzbadabfälle	141	147	165	145
51513	Arsenkalk	0	0	0	21
51516	Brüniersalzabfälle	17	11	0	0

Abfall-schlüssel	Abfallart	Mengen in Kubikmetern 1984	1985	1986	1987
51517	Natriumsulfat (Glaubersalz)	0	53	46	8
51519	Eisenchlorid	0	0	2	0
51520	Eisensulfat	271	183	136	199
51525	Bariumsalze	10	6	5	0
51528	Alkali- und Erdalkalisulfide	18	0	0	0
51529	Schwermetallsulfide	1	0	0	1
51532	Chlorkalk	2	0	0	0
51533	Härtesalz, cyanidhaltig	275	608	484	337
51534	Härtesalze, nitrat-, nitrithaltig	74	106	81	112
51537	Grünsalz	0	0	47	0
52	Säuren, Laugen und Konzentrate	5203	5434	4464	6775
521	Säuren	1800	1748	1595	1572
52101	Akku-Säuren	6	29	34	82
52102	Säuren, Säuregemische, Beizen (sauer)	1793	1718	1560	1489
52105	Chromschwefelsäure	1	1	1	1
524	Laugen	1691	1153	740	1983
52402	Laugen, Laugengemische, Beizen (basisch)	1684	1142	731	1974
52403	Ammoniaklösung	7	11	9	9
527	Konzentrate	1712	2533	2129	3220
52707	Fixierbäder	443	237	89	120
527012	Konzentrate, chrom-(VI)-haltig	18	27	9	22
52713	Konzentrate, cyanidhaltig	11	2	5	15
52714	Spül- und Waschwasser, cyanidhaltig	7	33	19	0
52715	Bleichbäder	1	2	2	2
52716	Konzentrate, metallsalzh. (z. B. Nitratlös., Entrostungsbäd.)	2	0	37	2
52717	Halbkonzentrate, chrom-(VI)-haltig	0	797	194	322
52718	Halbkonzentrate, cyanidhaltig	15	24	0	0
52719	Halbkonzentrate, metallsalzhaltig	338	179	92	99
52720	Spül- und Waschwasser, metallsalzhaltig	312	569	778	779
52721	Kupferchloridlösung	0	0	1	0
52722	Eisenchloridlösung	3	4	10	21
52723	Entwicklerbäder	383	659	815	1832
52724	Kühlmittellösungen	3	0	0	2
52725	Sonstige Konzentrate	3	0	0	4
52799	Salzhaltiges Abwasser aus Prüfanlagen	173	0	78	0
53	Abfälle von Pflanzenbehandlungs- und Schädlingsbekämpfungsmitteln sowie von pharmazeutischen Erzeugnissen	4234	4689	2317	3138
531	Abfälle von Pflanzenbeh.- und Schädlingsbekämpfungsmitteln	1192	841	746	862
53103	Altbestände von Planzenbeh.- und Schädl.-Bek.-Mitteln	88	143	103	469
53104	Produkt.-Abf. von Pflanzenbeh.- und Schädl.-Bek.-Mitteln	1104	698	643	393

Abfall-schlüssel	Abfallart	Mengen in Kubikmetern 1984	1985	1986	1987
533	Abfälle von Körperpflegemitteln	49	102	96	544
53301	Überlagerte Körperpflegemittel	49	102	83	382
53302	Produktionsabfälle von Körperpflegemitteln	0	0	13	162
535	Abfälle von pharmazeutischen Erzeugnissen	2993	3746	1475	1732
53501	Altmedikamente	444	713	891	1054
53502	Produktionsabfälle von pharmazeutischen Erzeugnissen	2549	3032	583	677
53506	Proteinabfälle	0	1	1	1
54	Abfälle von Mineralölprodukten aus der Erdölverarbeitung und Kohleveredlung	45853	57679	73652	106630
541	Mineralöle	1976	1765	4070	17712
54101	Saure Ölabfälle	1	0	4	9
54102	Altöl	1275	1031	2636	15842
54104	Verunreinigte Kraftstoffe	136	178	462	1089
54106	Trafoöle, Wärmeträgeröle, frei von polychl. Biphenylen	5	49	33	27
54107	Trafoöle, Wärmeträgeröle, polychl. Biphenyle enthaltend	9	36	38	97
54108	Verunreinigte Heizöle	472	267	647	488
54109	Bohr-, Schneid- und Schleiföle	41	51	88	80
54110	PCB-haltige Geräte und Betriebsmittel	0	0	1	0
54198	PCB-haltige elektrische Betriebsmittel	11	75	124	80
54199	Sonstige PCB-haltige Abfälle	26	78	37	0
542	Fette und Wachse aus Mineralöl	1804	3260	7235	11772
54201	Ölgatsch	29	8	0	0
54202	Fettabfälle	265	261	366	531
54204	Fettsäurerückstände	0	0	0	6
54206	Metallseifen	396	616	717	911
54207	Wachsabfälle	247	290	430	304
54208	Fettsäurederivate	0	0	44	0
54299	Feste mineralölhaltige Werkstattabfälle	867	2085	5678	10020
544	Emulsionen und Gemische von Mineralölprodukten	10772	16400	21249	20217
54401	Synthetische Kühl- und Schmiermittel	563	785	758	739
54402	Bohr- und Schleifölemulsionen und Emulsionsgemische	9890	15207	20070	18982
54404	Honöle	1	0	0	1
54405	Kompressorenkondensate	138	300	258	198
54406	Wachsemulsionen	137	104	104	153
54407	Bitumenemulsionen	43	4	59	119
54408	Sonstige Öl-Wassergemische	0	0	0	25
547	Mineralölschlämme	27213	31450	36520	51476
54701	Sandfangrückstände	6150	9621	13609	19672
54702	Ölabscheiderinhalte und Benzinabscheiderinhalte	11346	12393	12527	12723
54703	Schlamm aus Öltrennanlagen	683	1805	1338	1816
54704	Schlamm aus Tankreinigung und Faswäsche	5024	4998	6209	13250

Abfall-schlüssel	Abfallart	Mengen in Kubikmetern 1984	1985	1986	1987
54705	Bims-Öl-Gemisch	0	0	7	0
54706	Paraffinölschlamm	208	234	66	50
54707	Erodierschlamm (Petroleum und Graphit)	5	5	3	5
54708	Honschlamm	237	269	283	326
54709	Läppschlamm	2	6	10	7
54710	Schleifschlämme, ölhaltig	3558	2119	2468	2627
548	Rückstände aus Mineralölraffination	3104	3742	3017	2988
54801	Bleicherde, mineralölhaltig	1382	64	7	0
54802	Säureharz und Säureteer	283	1457	1180	1386
54803	Schlämme aus Mineralölraffination	4	200	0	0
54805	Rohschwefel	562	384	373	517
54899	Bleicherde, paraffinhaltig	873	1637	1457	1085
549	Sonst. Abf. von Mineralölpr. a. d. Erdölvera. u. Kohleveredl.	984	1062	1561	2465
54903	Phenolhaltiger Schlamm	0	58	100	0
54907	Phenolhaltige Rückstände	90	15	48	73
54912	Bitumenabfälle, Asphaltabfälle	65	58	166	566
54913	Teerrückstände	249	191	378	916
54915	Destillationsrückstände aus Teerölproduktion	8	6	1	2
54916	Steinkohlenteerrückstände	132	208	181	76
54917	Festes Dichtungsmaterial und Unterbodenschutz-abfälle	18	20	109	149
54918	Phenolwasser	237	94	171	327
54919	Petrolkoks	0	91	22	6
54920	Schlamm aus Glycerinreinigung	22	86	0	0
54924	Sonstige Schlämme aus Kokereien und Gaswerken	139	128	103	71
54998	Ölhaltiges Wasser	24	107	282	279
55	Organische Lösemitt., Farben, Lacke, Klebst., Kitte u. Harze	113248	100744	91984	74873
552	Halogenhaltige organische Lösemittel und Lösemittelgemische	10196	10558	14976	12271
55202	Chlorbenzole	9	0	0	0
55203	Chloroform	0	0	1	1
55204	Dichlorphenol	0	0	1	0
55205	Kältemittel (Fluorkohlenwasserst.-Kältemittel und dergl.)	46	13	17	4
55206	Methylenchlorid	520	479	374	42
55208	Anchlorierte Paraffine	1	1	0	0
55209	Perchloräthylen (Per)	414	167	151	110
55210	PVC-Weichmacher	37	30	16	15
55212	Trichloräthan	339	201	222	197
55213	Trichloräthylen (Tri)	109	77	120	104
55214	Kaltreiniger, halogenhaltig	19	16	29	22
55220	Lösemittelgemische, halogenhaltig	8702	9574	14045	11776
553	Halogenfreie organische Lösemittel und Lösemittelgemische	7577	5489	6125	5293

Abfall-schlüssel	Abfallart	Mengen in Kubikmetern 1984	1985	1986	1987
55301	Aceton	24	7	2	6
55302	Äthylacetat	1	1	0	1
55303	Äthylenglykol	13	33	461	288
55304	Äthylglykol	3	1	5	0
55306	Benzol	0	0	0	1
55307	Butylacetat	0	0	4	0
55310	Diäthyläther	0	2	0	0
55311	Dimethylformamid	5	3	5	7
55315	Methanol	2	6	13	4
55316	Methylacetat	7	8	10	12
55317	Methyläthylketon	28	38	15	9
55324	Terpentinöl	0	0	1	0
55325	Toluol	3	0	0	0
55326	Waschbenzin, Petroläther, Ligroin, Testbenzin	23	10	7	14
55327	Xylol	6	9	7	8
55351	Äthanol	209	389	560	583
55352	Aliphatische Amine	50	0	0	0
55355	Glycerin	21	337	400	309
55356	Glykoläther	54	62	1	0
55357	Kaltreiniger, halogenfrei	9	45	109	99
55359	Nitroverdünnungen	45	322	593	475
55360	Petroleum	0	2	1	0
55361	Polyätheralkohole	0	1	0	0
55362	Propanol	1	2	12	12
55370	Lösemittelgemische, halogenfrei	7070	4185	3837	3351
55372	Weichmacher, halogenfrei	3	18	45	14
55399	Bremsflüssigkeit	0	8	37	100
554	Lösemittelhaltige Schlämme	33077	24996	12543	11385
55401	Lösemittelhaltige Schlämme, halogenhaltig	32283	24355	12006	10804
55402	Lösemittelhaltige Schlämme, hologenfrei	794	641	537	581
555	Farbmittel und Anstrichmittel	61094	58089	56401	43599
55501	Lackierereiabfälle	1896	2417	1491	1906
55502	Altlacke, Altfarben	948	1524	2217	2116
5503	Lack- und Farbschlamm	11034	13632	22630	26763
55507	Farbmittel	7	4	24	56
55508	Anstrichmittel	139	91	62	82
55509	Druckfarbenreste	759	1085	1070	1196
55599	Farbmischschlamm	46311	39336	28907	11480
559	Klebstoffe, Kitte, nicht ausgehärtete Harze	1304	1612	1939	2325
55901	Leim- und Klebemittelreste	715	1090	1528	1565
55902	Kitt- und Spachtelabfälle	0	34	31	41
55903	Harzrückstände (nicht ausgehärtet)	588	488	380	719
55904	Harzöl	1	0	0	0
57	Kunststoff- und Gummiabfälle	5636	4549	9905	7071
571	Ausgehärtete Kunststoffabfälle	2228	2027	3373	3857
57101	Phenol- und Melaminharzabfälle	76	129	107	59

Abfall-schlüssel	Abfallart	Mengen in Kubikmetern 1984	1985	1986	1987
57102	Polyesterabfälle	0	2	14	13
57103	Gießharzabfälle	18	0	0	2
57104	Imprägnierharzabfälle	108	0	0	4
57106	Polyäthylenabfälle	16	0	1	0
57107	Abfälle härtbarer Formmassen (Duroplastabfälle)	0	15	346	385
57108	Polystyrolabfälle	3	0	0	0
57110	Polyurethanabfälle	396	128	160	139
57111	Polyamidabfälle	13	0	10	0
57112	Hartschaumabfälle	442	0	254	75
57115	Film- und Celluloidabfälle	2	3	0	2
57116	PVC-Abfälle	258	421	529	593
57118	Kunststoffemballagen	488	164	80	73
57119	Verunreinigte Kunststoffolien	9	42	182	428
57120	Polyvinylacetat-Abfälle	11	12	79	0
57124	Ionenaustauscherharze	13	3	2	10
57125	Ionenaustauscherharze mit produktionsspezifischen Beimeng.	59	209	101	176
57126	Flourhaltige Kunststoffabfälle	51	251	660	600
57127	Kunststoffemballagen und -behältnisse mit Reststoffen	113	609	747	1128
57198	Kunststoffabfälle, chemisch verunreinigt	150	39	101	174
57199	Kunststoffemballagen mit Asbest verunreinigt	2	0	0	0
572	Nicht ausgehärtete Kunststoffabf., -formmassen u. -komponent	1298	1297	2232	2340
57202	Fabrikationsrückst. aus der Kunststoffherst. und -verarbeit.	1298	1297	2232	2340
573	Kunststoffschlämme und -emulsion	577	605	3754	548
57301	Kunststoffschlämme, lösemittelfrei	341	243	266	291
57303	Kunststoffdispersionen	85	158	3370	91
57304	Kunststoffemulsionen	94	192	84	61
57305	Kunststoffschlämme, lösemittelhaltig (halogenhaltig)	28	12	12	5
57306	Luststoffschlämme, lösemittelhaltig (halogenfrei)	29	0	22	100
575	Feste Gummiabfälle (einschl. Altreifen)	1	7	40	29
57501	Gummiabfälle	0	0	23	11
57502	Altreifen und Altreifenschnitzel	1	0	0	0
57504	Gummi-Metall-Abfälle	0	7	11	7
57506	Gummimehl	0	0	6	11
577	Gummischlämme und -emulsionen	1532	613	506	297
57701	Altlatex	18	1	11	23
57702	Latex-Schlämme	768	192	148	191
57703	Latex-Emulsionen	3	1	0	0
57704	Kautschuklösungen	2	8	23	10
57705	Gummischlämme	741	411	324	73
58	Textilabfälle (Natur- und Chemiefaserprodukte)	5975	5830	6497	6027

Abfall-schlüssel	Abfallart	Mengen in Kubikmetern 1984	1985	1986	1987
581	Textilabfälle	5975	5830	6497	6027
58102	Polyesterfaserabfälle	0	2	0	0
58104	Zellulosefaserabfälle	0	0	1	0
58105	Wollabfälle	1	0	0	0
58108	Altkleider, Lumpen	4	0	0	0
58109	Putzwolle, Putzlappen	3280	5200	5716	5114
58110	Putztücher	607	296	354	518
58111	Filtertücher	31	85	143	114
58113	Polierfilze	1	0	0	0
58115	Schlamm aus Textilfärbereien	1721	136	133	117
58118	Wäschereischlämme	201	59	57	75
58119	Filtertücher und -säcke, chemisch verunreinigt	129	52	93	89
59	Andere Abfälle chemischer Umwandlungs- und Syntheseprodukte	13902	7937	8716	5776
591	Explosivstoffe	8	8	9	10
59103	Mehrfach nitrierte organische Chemikalien	8	8	9	10
593	Laborabfälle und Chemikalienreste	267	176	394	226
59301	Feinchemikalien	71	19	14	5
59302	Laborchemikalienreste	195	136	380	221
59399	Regenmüll	1	21	0	0
594	Detergentien- und Waschmittelabfälle	0	56	330	294
59401	Fabrikationsrückstände aus Waschmittelherstellung	0	24	33	236
59402	Flüssige Tenside	0	32	297	58
595	Katalysatoren	317	140	179	106
59504	Kontaktmassen	15	0	0	30
59507	Katalysatoren	302	140	179	76
596	Shredderrückstände	675	0	142	1541
59601	Shredderrückstände	450	0	142	1541
59602	Filterstäube aus Shreddern	225	0	0	0
597	Destillationsrückstände	12571	7499	7586	3585
59701	Destillationsrückstände, salz- und lösemittelfrei	610	435	516	159
59702	Destillationsrückstände, lösemittelhaltig (halogenhaltig)	648	1427	1673	1047
59703	Destillationsrückstände, lösemittelhaltig (halogenfrei)	18	22	207	63
59704	Destillationsrückstände, salzhaltig	11295	5615	5190	2316
599	Sonst. Abfälle chemischer Umwandlungs- und Syntheseprodukte	64	58	76	14
59901	Polychlorierte Biphenyle und Terphenyle (PCB, PCT)	64	57	76	13
59902	Spraydosen	0	1	0	1
9	Siedlungsabfälle (einschließlich ähnlicher Gewerbeabfälle)	22478	8816	6461	6754

Abfall-schlüssel	Abfallart	Mengen in Kubikmetern 1984	1985	1986	1987
91	Feste Siedlungsabfälle (einschl. ähnlicher Gewerbeabfälle)	1	21	4	6
912	Hausmüllähnliche Gewerbeabfälle	1	21	4	6
91201	Verpackungsmaterial und Kartonagen	1	4	3	5
91202	Küchen- und Kantinenabfälle	0	1	1	1
91203	Büroabfälle	0	16	0	0
94	Abfälle aus Wasseraufbereitung, Abwasserreinigung und Gewässerunterhaltung	18738	6725	3363	3908
941	Schlämme aus Wasseraufbereitung	623	165	335	485
94101	Sedimentationsschlamm	618	105	335	485
94105	Schlamm aus Kesselwasseraufbereitung und Kesselreinigung	5	60	0	0
943	Schlämme aus mechanischer Abwasserreinigung	2400	2	36	4
94301	Rohschlamm (Frischschlamm)	694	0	0	4
94303	Fäkalschlamm	1706	2	36	0
945	Schlämme aus mechanisch-biologischer Abwasser-reinigung	7815	2209	994	129
94501	Rohschlamm (Frischschlamm)	3004	258	121	129
94502	Faulschlamm	4811	1951	873	0
946	Schlämme aus mech.-biol.-chem. Abwasserreinigung	7139	3986	1854	2637
94601	Rohschlamm (Frischschlamm)	4779	1617	1854	2637
94602	Faulschlamm	1322	1008	0	0
94699	Schlämme aus mech.-chem.-biol. Abwasserreinigung	1038	1361	0	0
947	Rückstände aus Kanalisation	761	363	144	633
94701	Rechengut	42	0	0	0
94702	Rückstände aus Siel-, Kanalisations- und Gullyreinigung	677	360	139	637
94704	Sandfangrückstände	42	3	5	16
95	Flüssige Siedlungsabfälle	2408	464	989	0
951	Fäkalien aus Sammelgruben	2192	464	41	0
95101	Fäkalien	2192	464	41	0
953	Deponiesickerwasser	216	0	948	0
95302	Sickerwasser aus Sonderabfalldeponien	216	0	0	0
95399	Sedimentationswasser aus Schlammdeponien	0	0	948	0
97	Krankenhausspezifische Abfälle	1284	1418	1840	2187
971	Krankenhausspezifische Abfälle	1284	1418	1840	2187
97101	Infektiöse Abfälle, Körperteile und Organabfälle	1273	1412	1834	2180
97102	Desinfizierte Abfälle	0	0	3	3
97103	Wund-, Gipsverbände, Einwegwäsche, Einwegartikel	11	6	3	4

Abfall-schlüssel	Abfallart	Mengen in Kubikmetern 1984	1985	1986	1987
99	Andere Siedlungsabfälle (einschl. ähnlicher Gewerbeabfälle)	47	188	265	653
991	Sonst. Siedlungsabfälle (einschl. ähnlicher Gewerbeabfälle)	47	188	265	653
99199	Sonderabfälle aus kommunlaer Sammlung	47	188	265	653
	G e s a m t s u m m e n	313230	299940	295520	365520

Tabelle 6

Regionale Verteilung des Sonderabfallaufkommens in den Regierungsbezirken Braunschweig und Hannover (m^3)

Basis Begleitscheine

Bezirksregierung Braunschweig

		1984	1985	1986	1987
	insgesamt	79 180	71 581	74 466	97 952
Braunschweig	Stadt	13 851	13 139	9 097	12 374
Salzgitter	Stadt	13 462	12 364	17 508	26 616
Wolfsburg	Stadt	23 571	13 891	10 924	9 123
Göttingen	Stadt	6 072	5 949	3 941	4 286
Gifhorn	Ldkrs.	1 802	1 958	2 882	3 581
Göttingen	Ldkrs.	2 651	1 802	1 579	1 837
Goslar Ldkrs.		6 197	11 388	14 794	25 928
Helmstedt	Ldkrs.	1 047	1 639	2 162	2 959
Northeim	Ldkrs.	4 790	3 928	4 259	3 608
Osterode	Ldkrs.	1 404	1 892	2 482	2 597
Peine	Ldkrs.	2 107	2 476	2 764	3 563
Wolf.Büt.	Ldkrs.	2 226	1 155	2 074	1 480

Bezirksregierung Hannover

	insgesamt	80 851	90 518	91 551	98 053
Hannover	Stadt	36 875	39 258	31 674	24 984
Hildesheim	Stadt	7 537	3 188	3 137	3 901
Diepholz	Ldkrs.	1 760	1 832	2 074	1 993
Hameln.Pyrm.	Ldkrs.	3 307	4 011	4 850	4 690
Hannover	Ldkrs.	19 244	30 618	34 556	37 203
Hildesheim	Ldkrs.	5 395	2 994	6 245	15 490
Holzminden	Ldkrs.	2 674	4 598	3 970	3 328
Nienburg	Ldkrs.	1 998	1 733	1 629	3 129
Schaumburg	Ldkrs.	2 061	2 286	3 416	3 335

Quelle: Erstellt nach unveröffentlichten Angaben des Niedersächsischen Landesamtes für Wasser und Abfall

Tabelle 7

Regionale Verteilung des Sonderabfallaufkommens im Regierungsbezirk Lüneburg (m^3)

Basis Begleitscheine

Bezirksregierung Lüneburg

		1984	1985	1986	1987
	insgesamt	46 208	34 689	30 294	40 166
Celle	Stadt	1 587	1 541	1 559	2 010
Cuxhaven	Stadt	101	195	198	1 099
Lüneburg	Stadt	826	703	693	1 097
Celle	Ldkrs.	1 802	1 437	1 366	2 252
Cuxhaven	Ldkrs.	149	566	930	89
Harburg	Ldkrs.	493	2 061	1 919	2 446
Lüch.Dann.	Ldkrs.	1 562	1 236	748	1 026
Lüneburg	Ldkrs.	370	189	97	59
Osterholz	Ldkrs.	780	955	847	1 237
Rotenburg	Ldkrs.	700	970	610	2 576
Soltau-Fl.	Ldkrs.	1 422	2 260	2 587	4 397
Stade	Ldkrs.	34 458	20 656	10 735	16 694
Uelzen Ldkrs.		914	492	755	1 441
Verden Ldkrs.		1 044	1 428	7 250	3 743

Quelle: Erstellt nach unveröffentlichten Angaben des Niedersächsischen Landesamtes für Wasser und Abfall

Tabelle 8
Regionale Verteilung des Sonderabfallaufkommens im Regierungsbezirk Weser-Ems (m^3)
Basis Begleitscheine

Bezirksregierung Weser-Ems

		1984	1985	1986	1987
	insgesamt	107 161	103 077	98 333	129 279
Delmenhorst	Stadt	868	1 014	839	1 129
Emden	Stadt	5 773	5 303	1 220	1 219
Oldenburg	Stadt	2 682	1 949	2 598	2 497
Osnabrück	Stadt	21 226	27 610	20 409	29 515
Wilh.haven	Stadt	6 971	1 739	1 905	3 824
Ammerland	Ldkrs.	378	638	695	1 679
Aurich Ldkrs.		238	407	449	514
Cloppenburg	Ldkrs.	616	656	813	1 011
Emsland	Ldkrs.	5 280	5 930	7 057	6 353
Friesland	Ldkrs.	72	2 413	4 367	4 846
Grafs.Benth.	Ldkrs.	2 198	2 674	249	482
Leer	Ldkrs.	284	432	614	1 195
Oldenburg	Ldkrs.	304	257	544	1 036
Osnabrück	Ldkrs.	54 176	48 740	52 375	67 941
Vechta Ldkrs.		1 069	866	940	1 167
Wesermarsch	Ldkrs.	5 007	2 266	3 031	4 428
Wittmund	Ldkrs.	19	183	228	461

Quelle: Erstellt nach unveröffentlichten Angaben des Niedersächsischen Landesamtes für Wasser und Abfall

Tabelle 9
Gliederung der Wirtschaftszweige in Gruppen

<u>Gruppe 1</u>
Bergbau u. Energie-, Gaserzeugung, Wassergewinnung:

Steinkohlenbergbau
Braun- und Pechkohlenbergbau
Eisenerzbergbau
Metallerzbergbau
Kali- und Steinsalzbergbau sowie Salinen
Erdöl- und Erdgasgewinnung
Flußspat-, Schwerspat-, Graphit- und sonstiger Bergbau
Torfindustrie
Energieerzeugung
Gaserzeugung
Wassergewinnung

<u>Gruppe 2</u>
Chemische Industrie und Mineralölverarbeitung:

Chemische Industrie (ohne Chemiefaser- und Kohlenwertstoffindustrie)
Chemiefaserindustrie
Kohlenwertstoffindustrie
Großhandel mit technischen Chemikalien und Rohdrogen, Kautschuk und Kunstgummi, usw.
Mineralölverarbeitung

<u>Gruppe 3</u>
Gewinnung und Verarbeitung von Stein und Erden:

Natursteinindustrie
Sand- und Kiesindustrie
Gewinnung und Aufbereitung von Rohton, Farberden, Schiefer, Asphalt, Quarzit und ähnlichen Steinen und Erden
Zementindustrie
Kalkindustrie
Gips- und Kreideindustrie
Ziegelindustrie
Grobsteinzeugindustrie
Herstellung von feuerfesten grobkeramischen Erzeugnissen
Betonsteinindustrie
Kalksandsteinindustrie
Bims- und Bimssteinindustrie
Isolier- und Leichtbauplattenindustrie
Asbestzementwarenindustrie
Sonstige Industrien der Steine und Erden

<u>Gruppe 4</u>
Eisen und NE-Metallindustrie:

Hochofen-, Stahl- und Warmwalzwerke
Schmiede-, Preß- und Hammerwerke
NE-Metallhütten, -umschmelzwerke und -scheideanstalten
NE-Metallhalbzeugwerke

Eisen-, Stahl- und Tempergießerei
NE-Metallgießerei

Gruppe 5
Holzbearbeitung
Papier- und Pappeerzeugung:

Säge-, Hobel-, Holzimprägnier- und Furnierwerke
Sperrholz-, Holzfaserplatten- und Holzspanplattenwerke
Holzschliff, Zellstoff, Papier und Pappe erzeugende Industrie

Gruppe 6
Gummi- und Asbestverarbeitung:

Gummiverarbeitende Industrie
Asbestverarbeitende Industrie

Gruppe 7
Stahlverformung:

Ziehereien und Kaltwalzwerke
Stahlverformung

Gruppe 8
Stahl- und Leichtmetallbau:

Hoch-, Brücken- und Wasserbau aus Stahl und Leichtmetall
Weichenbau
Waggonbau
Feld- und Industriebahnwagenbau
Dampfkessel-, Behälter- und Rohrleitungsbau
Montage und Reparatur von Lüftungs-, wärme- und gesundheitstechnischen Anlagen

Gruppe 9
Maschinen- und Fahrzeugbau:

Maschinenbau (ohne Herstellung von Büromaschinen, Geräten und Einrichtungen für die automatische Datenverarbeitung)
Herstellung von Büromaschinen (ohne Herstellung von Geräten und Einrichtungen für die automatische Datenverarbeitung)
Herstellung von Geräten und Einrichtungen für die automatische Datenverarbeitung
Kraftwagenindustrie (einschl. Herstellung von Motoren und Straßenzugmaschinen)
Kraftradindustrie (einschl. Herstellung von Motoren und Mopeds)
Herstellung von Kraftfahrzeugteilen (ohne Herstellung von Motoren)
Herstellung von Aufbauten (z.B. Karosserien) und Anhängern
Gespannfahrzeugbau
Fahrrad- und Kinderwagenindustrie (einschl. Herstellung von Krankenfahrstühlen)
Kraftfahrzeug- und Fahrrad-Reparaturwerkstätten (nur soweit nicht mit 3311, 3317, 3341 oder 3350 örtlich verbunden)

Gruppe 10
E-Technik, Feinmechanik, Optik:

Elektronische Industrie
Optische Industrie
Foto-, projektions- und kinotechnische Industrie
Feinmechanische Industrie
Medizinmechanische und orthopädiemechanische Industrie
Uhrenindustrie

Gruppe 11
Metallwaren- und Instrumenteherstellung:

Herstellung von Handelswaffen und deren Munition
Werkzeugindustrie
Heiz- und Kochgeräteindustrie
Stahlblechwarenindustrie
Stahlrohrmöbelindustrie
NE-Metallblechwarenindustrie
Feinblechpackungsindustrie
Schloß- und Beschlagindustrie
Herstellung von Fahrradteilen und Kraftradeinzelteilen und -zubehör
Herstellung von Kraftwagenzubehör
Schneidwaren und Besteckindustrie
Metallwarenindustrie (ohne Füllhalter und Kugelschreiberindustrie)
Metallkurzwarenindustrie
Füllhalter- und Kugelschreiberindustrie

Klavier-, Harmonium- und Orgelbau
Kleinmusikinstrumentenindustrie
Spielwarenindustrie (einschl. Herstellung von Christbaumschmuck)
Turn- und Sportgeräteindustrie
Schmuckwarenindustrie
Edelsteinindustrie

Gruppe 12
Feinkeramik und Glasindustrie:

Porzellanindustrie
Steingut- und Feinsteinzeugindustrie
Ton- und Töpferwarenindustrie
Sanitärkeramische Industrie
Herstellung von technischen und chemisch-technischer Keramik
Baukeramische Industrie
Schleifmittelindustrie
Flachglaserzeugende Industrie
Hohlglaserzeugende Industrie
Glasverarbeitende und Glasveredelnde Industrie

Gruppe 13
Holzverarbeitung:

Holzbauten- und Holzbauteileindustrie
Holzmöbel- und Polstermöbelindustrie
Holzverpackungsmittelindustrie
Sonstige Holzwarenindustrie
Korbmöbel-, Korb- und Felchtwaren-industrie
Pinsel-, Besen- und Bürstenindustrie
Kork-, Schnitzstoff- und Formstoff-industrie

Gruppe 14
Papier- und Pappeverarbeitung:

Tapetenindustrie
Herstellung von Schreibwaren und Bürobedarf aus Papier und Pappe (einschl. Buchbinderei)
Herstellung von Spezialpapieren und Verpackungsmitteln aus Papier und Pappe
Sonstige papier- und pappeverarbeitende Industrie

Gruppe 15
Druckerei, Vervielfältigung:

Druckerei- und Vervielfältigungsindustrie
Filmentwicklung und Kopie

Gruppe 16
Herstellung von Kunststoffwaren:

Kunstoffverarbeitende Industrie
Großhandel mit technischen Chemikalien und Rohdrogen, Kautschuk und Kunstgummi usw.

Gruppe 17
Ledererzeugung und -verarbeitung:

Ledererzeugende Industrie
Lederverarbeitende Industrie
Schuhindustrie

Gruppe 18
Textil- und Bekleidungsgewerbe:

Textilindustrie
Herren- und Knabenoberbekleidungsindustrie
Damen, Mädchen- und Kinderoberbekleidungsindustrie
Wäscheindustrie (einschl. Herstellung von Haus-, Bett- und Tischwäsche)
Sonstige Bekleidungsindustrie

Gewerbliche Tierhaltung, -zucht und -pflege

Gruppe 19
Ernährungsgewerbe:

Mahl- und Schälmühlenindustrie
Nährmittelindustrie
Stärke- und kartoffelverarbeitende Industrie (ohne Brennerei)
Brotindustrie
Zuckerindustrie
Obst- und gemüseverarbeitende Industrie
Süßwarenindustrie
Molkerei und Käserei
Dauermilch-, Schmelzkäse- und Käseinwerke
Ölmühlenindustrie
Margarineindustrie
Talgschmelzen und Schmalzsiedereien
Fleischverarbeitende Industrie
Fischverarbeitende industrie
Kaffeemittelindustrie
Kaffee- und teeverarbeitende Industrie
Brauerei
Mälzerei
Alkoholbrennereien und Spiritusreinigungsanstalten
Spirituosenindustrie
Weinverarbeitende Industrie
Mineralbrunnen-, Mineralwasser- und Limonadenindustrie
Sonstige Ernährungsindustrie
Eisgewinnung
Futtermittelindustrie
Tabakindustrie

Gruppe 20
Bau- und Ausbaugewerbe:

Bauhaupt-, Bauhilfsgewerbe
(Handwerker usw.)
Maler-, Lackiergewerbe,
Tapetenkleber

Gruppe 21
Groß- und Einzelhandel:

Großhandel
Einzelhandel mit Mineralölerzeugnissen
(Tankstellenabsatz im eigenen Namen)
Großhandel mit Altmaterial verschiedener
Art (übriger Großhandel mit Abfall-
stoffen)
Großhandel mit Schrott, NE-Metallen und
Abbruchmaterial

Gruppe 22
Wäscherei:

Wäscherei, Färberei, Reinigung

Gruppe 23
Verkehr:

Straßenverkehr, Flugplätze

Gruppe 24
Krankenhäuser:

Krankenhäuser, Kliniken, Sanatorien

Gruppe 25
Behandlungsanlagen:

Kläranlagen, Abfallbehandlungsanlagen

Gruppe 26
Sonstige:

Einzelerzeuger, Landwirtschaft,
Kleinbetriebe, Behörden, Post,
Privathaushalte

Tabelle 10
Betriebseigene Sonderabfalldeponien

Nr.	Standort	Betreiber	Zugelassene Abfallarten
1	Salzgitter, Heerte (Sonderabfall-Deponie)	Stahlwerke Peine-Salzgitter AG	40 Abfälle, z. B. 311 08 Ofenausbruch m. prod. spez. Beimengungen 314 01 Gießerei-Altsand 314 23 Ölverunr. Boden 316 16 Schlamm aus Gießerei 547 01 Sandfangrückstände 555 03 Lack- u. Farbschlamm
2	Wolfsburg, Fallersleben, Barnbruch (Industrieabfall-dep. Barnbruch)	Volkswagen AG	312 16 Filterstäube 313 01 Flugaschen u. Stäube 313 07 Kesselschlacke 314 01 Gießerei-Altsand 316 20 Gipsschlämme m. prod. spez. Beimengungen (Rauchgasentschwef.) 316 37 Phosphatierschlamm 316 39 Schlämme aus Fäll- u. Löseprozessen (Filterkuchen)
3	Göttingen, Friedland, Niedergandern (Schlammdeponie Fa. Hesse)	Schlammsaug-betrieb H. Hesse	171 14 Schlamm a.d. Spanplattenherstellung 316 01 Schlamm a. Betonher. 316 02 Steinschleifschlamm 316 24 Eisenoxidschlamm 316 33 Glasschleifschlämme 355 02 Metallschleifschlamm 547 01 Sandfangrückstände
4	Göttingen, Hann.-Münden, Bonaforth (Deponie Bonaforth)	Westfäl. Zellstoff AG, Werk Bonaforth	313 01 Flugaschen u. Stäube 313 05 Braunkohlenasche 313 06 Holzasche 313 07 Kesselschlacke 313 09 Flugaschen u. Stäube aus Sulfitablaugen-verbrennung

Quelle: Landtags Drucksache 11/3855

Nr.	Standort	Betreiber	Zugelassene Abfallarten
5	Goslar, Bad Harzburg, Oker/Harlingerode (Abraumhalde)	Adolph Willikens	314 11 Bodenaushub (Abfälle aus der Kalkgewinnung, Abraum)
6	Goslar, Oker, Steinfeld/ Vienenburg (Kiesteiche D. Baustoffwerk Oker)	Ilseder Mischwerke ISV, GmbH + Co. KG Vormals Kies- u. Baustoffwerk Oker GmbH	312 03 Schlacken 314 11 Bodenaushub (Gabbroabraum) 316 01 Schlamm aus Betonherstellung
7	Goslar, Bad Harzburg, Oker/Harlingerode (Schlackenhalde III)	Harzmetall GmbH	312 03 Schlacken 314 09 Bauschutt
8	Goslar, Langelsheim, Herzog-Julius-Hütte (Absetzbecken der PREUSSAG PURE METALS)	PREUSSAG PURE METALS GmbH	316 20 Gipsschlämme m. prod. spez. Beimengungen (Neutralisationsschlämme)
9	Goslar, Seesen, Münchehof (Deponie Münchehof)	Felswerke Salzgitter GmbH	311 04 Ofenausbruch 314 09 Bauschutt 314 11 Bodenaushub 314 38 Gipsabfälle (Abfallkalk)
10	Goslar, Vienenburg (Deponie Eisengießerei Buchholz)	Fa. Buchholz	312 03 Kupolofenschlacke 314 01 Gießerei-Altsand 314 26 Kernsand
11	Helmstedt, Lehre, Essenrode (Sonderabfalldeponie Essenrode)	Volkswagen AG	14 Abfälle, z. B. 316 37 Phosphatierschlamm 316 39 Sonstige Schlämme m. prod. spez. Beim. 524 02 Laugen 547 03 Schlamm aus Öltrennanlagen 547 07 Erodierschlamm 555 03 Lack- u. Farbschlamm

Nr.	Standort	Betreiber	Zugelassene Abfallarten
12	Osterode, Bad Lauterberg (Deponie Eisengießerei Königshütte)	Eisengießerei Königshütte	312 02 Kupolofenschlacke 312 16 Filterstäube 314 01 Gießerei-Altsand 314 02 Putzereisand 314 25 Formsand 314 26 Kernsand
13	Osterode, Walkenfried, Zorge (Deponie Harzer Graugusswerk)	Harzer Graugusswerk GmbH ehem. BALO GmbH	312 02 Kupolofenschlacke 312 15 Gichtgasstäube (Putzstäube) 312 16 Filterstäube 314 01 Gießerei-Altsand 314 02 Putzereisand 314 25 Formsand 314 26 Kernsand
14	Peine, Hohenhameln Mehrum (Aschedeponie Mehrum)	Kraftwerk Mehrum GmbH	313 07 Kesselschlacke 316 20 Gipsschlämme mit prod. spez. Beimeng. (REA-Abfall)
15	Peine, Berkum (Sonderabfalldeponie Berkum)	Stahlwerke Peine-Salzgitter AG	312 16 Filterstäube 316 19 Gichtgasschlamm
16	Wolfenbüttel, Remlingen, Klein Biewende	Schering AG	313 10 Schlacken und Aschen aus Sonderabfallverbrennung 314 34 Verbr. Filter und Aufsaugmassen 316 38 Calziumsulfitschlamm 511 04 Chrom(III)haltiger Galvanikschlamm 531 04 Produktionsabfälle von Pflanzenbehandlungs- u. Schädlingsbekämpfungsmittel 597 01 Destillationsrückstand

Nr.	Standort	Betreiber	Zugelassene Abfallarten
17	Hameln-Pyrmont, Hameln, Kl. Hilligsfeld (Schlacken u. Flugasche-Deponie Kl. Hilligsfeld)	Landkreis Hameln-Pyrmont	313 08 Schlacken und Aschen aus Müllverbrennung 313 09 Flugaschen u. Stäube aus Müllverbrennung 915 01 Straßenkehricht 945 02 Faulschlamm aus mech. biol. Abwasserrein. 947 01 Rechengut 947 02 Rückst. a. Kanalrein. u. Bauschutt, Boden und dgl.
18	Hildesheim, Alfeld, Limmer- burg (Abfall- deponie Limmer- burg I)	Hann. Papier- fabriken	184 02 Schlamm aus der Papierfabrikation (Fangstoffe) 314 09 Bauschutt 314 11 Bodenaushub
19	Hildesheim, Nordstemmen, Barnten (Klär- schlammdeponie Entenfang)	Landkreis Hildesheim	316 01 Schlamm aus Beton-herstellung 943 03 Fäkalschlamm 945 02 Faulschlamm aus mech. biol. Abwasserrein.
20	Holzminden, Delligsen (Papierschlamm- deponie der Delligser Papier- Fabrik)	Delligser Papier- fabrik GmbH und Co. KG	184 02 Schlamm aus der Papierfabrikation (Fangstoffe)
21	Nienburg, Stadt (KC-Deponie Nienburg)	Kali-Chemie AG	187 08 Verunreinigtes Ver-packungsmaterial 314 43 Kieselsäure- u. Quarz-abfälle mit prod. spez. Beimengungen (Rückstände aus der Katalysatoren-herstellung) 316 21 Kalkschlämme mit prod. spez. Beimengungen 316 39 Sonst. Schlämme mit prod. spez. Beimeng. (Wasserglasrückstände)

Nr.	Standort	Betreiber	Zugelassene Abfallarten
22	Schaumburg, Lauenhagen, Hülshagen (Klärschlamm-deponie Hülshagen)	Stadt Stadthagen	144 01 Äschereischlamm 144 02 Gerbereischlamm 943 03 Fäkalschlamm 945 02 Faulschlamm aus mech.-biol. Abwasser-reinigung
23	Schaumburg, Lindhorst, Ottensen (VW-Deponie Ottensen)	Volkswagen AG	19 Abfälle, z. B 314 01 Gießerei-Altsand 314 02 Putzereisand 314 09 Bauschutt 314 36 Asbestabfälle 314 44 Schleifmittel 571 05 Folienabfälle (auch kaschiert) 912 01 Verpackungsmaterial und Kartonagen
24	Harburg, Wistedt (Sonder-abfalldeponie Wistedt)	GAREG Garagen-Reinigungs-Gesellschaft	314 23 Ölverunreinigter Boden 547 01 Sandfangrückstände
25	Lüneburg, Embsen (Schlamm-deponie Embsen-Becken III)	Ruhrstickstoff AG	316 20 Gipsschlämme mit prod. spez. Beimeng. (Neutralisations-schlamm aus der Dünge-mittelherstellung)
26	Lüneburg, Tosterglope Ventschau (Sonder-abfalldeponie Ventschau)	Landkreis Lüneburg	314 23 Ölverunreinigter Boden 314 28 Ölbindemittel 547 01 Sandfangrückstände
27	Osterholz, Schwanewede Eggestedt (Flug-aschedeponie der PreussenElektra in Schwanewede)	PreussenElektra AG Kraftwerk Farge	313 01 Flugaschen und Stäube

Nr.	Standort	Betreiber	Zugelassene Abfallarten
28	Osterholz, Schwanewede Neuenkirchen (Ölbodendeponie der STOV Schwanewede)	Standortverwaltung (STOV) Schwanewede	314 23 Ölverunreinigter Boden 547 01 Sandfangrückstände
29	Soltau-Fallingbostel, Bomlitz (Schlammteich II)	Wolff Walsrode AG	316 20 Gipsschlämme mit prod. spez. Beimeng. 316 21 Kalkschlämme mit prod. spez. Beimeng. 513 08 Aluminiumhydroxidschlämme 581 04 Zellulosefaserabfälle
30	Stade, Bützfleth (Rotschlammdeponie der AOS)	Aluminiumoxid Stade GmbH (AOS)	316 08 Rotschlamm
31	Wilhelmshaven, Voslapper Groden (Deponie f. Rauchgasreinigungsrückstände Voslapper Groden)	PreussenElektra AG	313 01 Flugaschen und Stäube 313 07 Kesselschlacke 316 20 Gipsschlämme mit prod. spez. Beimeng.
32	Cloppenburg, Friesoythe, Edewechter Damm (Klärschlamm-Deponie Edewechter Damm)	Stadt Bremen	945 02 Faulschlamm aus der mech.-biol. Reinigung 946 02 Faulschlamm aus der mech.-biol.-chem. Reinigung
33	Cloppenburg, Löningen, Werwe (Klärschlamm-Deponie Löningen)	Stadt Löningen	945 02 Faulschlamm aus der mech.-biol. Reinigung
34	Emsland, Meppen Hüntel (Ölschlammdeponie Meppen-Hüntel)	Standortverwaltung Fürstenau	125 01 Inhalt von Fettabscheidern 547 01 Sandfangrückstände 547 02 Öl- und Benzinabscheiderinhalte 547 04 Schlamm aus Tankreinigung

Nr.	Standort	Betreiber	Zugelassene Abfallarten
35	Emsland, Salzbergen, Hummeldorf (Bleicherddeponie Hummeldorf)	Wintershall AG	548 99 Paraffinhaltige Bleicherde
36	Friedland, Sande (Deponie Salzengroden)	Fa. Gießerei Sande	314 01 Gießerei-Altsand
37	Grafschaft Bentheim, Nordhorn, Frenswegen (Klärschlammdeponie Nordhorn-Frenswegen)	Gesellschaft für Abwasserklärung Nordhorn	945 02 Faulschlamm aus mech.-biol. Abwasserreinigung
38	Grafschaft Bentheim, Schüttorf (Klärschlammdeponie Schüttorfer Feld)	Samtgemeinde Schüttorf	945 02 Faulschlamm aus mech.-biol. Abwasserreinigung
39	Oldenburg, Ganderkesee Bockholzberg (Abfalldep. der DB, Bockholzberg)	Deutsche Bundesbahn	Nicht bekannt, abgelagert wurden: ölhaltige Abfälle, hausmüllartige Abfälle, Holzschutzmittel-, Lack-, Reinigungsmittelgefäße, Boden, Bauschutt, Altschotter
40	Osnabrück, Bramsche, Vinte (Klärschlammdeponie Bramsche-Vinte)	Fa. Holtmeyer	134 02 Schlamm aus Papierfabrikation 943 02 Faulschlamm (mech. Abwasserreinigung) 943 03 Fäkalschlamm 945 02 Faulschlamm (mech.-biol. Reinigung) 946 02 Faulschlamm (mech.-biol.-chem. Reinigung) 947 04 Sandfangrückstände aus Abwasserreinigung

Nr.	Standort	Betreiber	Zugelassene Abfallarten
41	Wesermarsch Nordenham (Jarositschlamm-deponie Galing I)	Landkreis Wesermarsch, PREUSSAG AG als Dritte	312 14 Bleiaschen (Schachtofenschlacke) 314 35 Verbrauchte Filter u. Aufsaugmassen (Asbestbegleitgestein) 399 02 Jarositschlamm 911 01 Hausmüll
42	Wesermarsch Nordenham (Jarositschlamm-deponie Galing II)	Landkreis Wesermarsch, PREUSSAG AG als Dritte	312 14 Bleiaschen (Schachtofenschlacke) 399 02 Jarositschlamm
43	Wesermarsch Nordenham, Großensiel, (Deponie f. Gangartrückstände)	Kronos Titan GmbH	Gangartrückstände
44	Wesermarsch Nordenham, Großensiel, (Deponie f. Abröstrückstand)	Kronos Titan GmbH	Abröstrückstand Neutralisiertes Filtersalz

Tabelle 11

Übersicht über Träger- und Rechtsformen für Anlagen zur Sonderabfallentsorgung in den Bundesländern

Land	Sonderabfallentsorgungsunternehmen	Träger	Rechtsform
Baden-Württemberg	Gesellschaft zur Beseitigung von Sonderabfällen in Baden-Württemberg mbH (SBW) Welfenstr. 47 7012 Fellbach 4	80 % Land 10 % Städte- und Land- 10 % Industrie (Arbeitsgemeinschaft der Industrie- und Handelskammer) und der Landesverband der baden-württemb. Industrie e.V.	GmbH
Bayern	Gesellschaft zur Beseitigung von Sondermüll in Bayern mbH (GSB) Herzogstr. 60 8000 München 40	78,84 % Freistaat Bayern 10,03 % Unternehmen der Wirtschaft 8,60 % kommunale Spitzenverb. (bayr. Städtetag, bayr. Gemeindetag, Landkreisverband Bayern 2,53 % bayr. Landesanstalt für Aufbaufinanzierung treuh. für die Wirtschaft	GmbH
8540 Schwabach	Zweckverband Sondermüllplätze Mittelfranken (ZVSMM)	18 Kommunen im Regierungsbezirk Mittelfranken (8800 Ansbach)	öffentlich-rechtliche Organisationsform
Berlin	Entsorgung von Sonderabfällen rein privatwirtschaftlich		
Bremen	Entsorgung rein privatwirtschaftlich		

Land	Sonderabfallentsorgungs-unternehmen	Träger	Rechts-form
Hamburg	Entsorgung rein privat-wirtschaftlich Stadt Hamburg: zu 50 % an Gesellschaft zur Beseiti-gung von Sonderabfall mbH Kiel beteiligt (siehe Schleswig-Holstein)		
Hamburg	Abfallverwertungsgesell-schaft (AVG) Grimm 8 2000 Hamburg 74	4 Gesellschafter aus Privat-wirtschaft	GmbH
Hessen	Hessische Industriemüll GmbH (HIM) Kranzplatz 11 6200 Wiesbaden	29,26 % Land Hessen 70,74 % : 19 Wirtschafts-unternehmen	GmbH
	Untertagedeponie 6432 Herfa-Neurode	Kali & Salz AG	AG
Nordrhein-Westfalen	Sondermüllentsorgung privatwirtschaftlich (überwiegend betriebs-eigene Anlagen der Sonderabfallerzeuger	private Träger	GmbH, AG GmbH & CoKG
	in Planung: landesweiter Abfallent-sorgungs- u. Altlasten-sanierungsverband Nordrhein-Westfalen	Eigen- u. Fremdentsorger, Kreise u. Gemeinden	geplant öffentl.-rechtl. Verband
Rheinland-Pfalz	Gesellschaft zur Beseiti-gung von Sonderabfällen Rheinland-Pfalz mbH (GSB) Gerolsheimer Str. 6710 Frankenthal	33,3 % Land Rheinland-Pfalz 16,7 % Landkreistag 16,7 % Stadtverband 24,6 % IHK Ludwigshafen (federführend für IHK's in Rheinland-Pfalz) 8,7 % Pfälzerischer Unter-nehmensverband	GmbH

Land	Sonderabfallentsorgungs-unternehmen	Träger	Rechts-form
Saarland	Sonderabfallentsorgung Saar (SES) Ursulinenstr. 35 6600 Saarbrücken	51 % Land Saarland 49 % Saarberg-Fernwärme Gesellschaft (= 100 %ige Tochter der Saarbergwerke AG = 75 % Bund, 25 % Saarland)	GmbH
Schleswig-Holstein	Gesellschaft zur Beseitigung von Sonderabfällen mbH (GBS) Düsternbroker Weg 104/108 2300 Kiel	50 % Land Schleswig-Holstein 50 % Stadt Hamburg	GmbH

Literaturverzeichnis

Appel, D.: Multibarrieren-Qualität durch Quantität? Das Multibarrieren-Konzept bei oberflächennahen Sonderabfalldeponien, Müll und Abfall, 1989, S. 182 ff.

Appel, D, / *Kreusch*, J.: Qualitative Bewertung von Deponierungsstrategien unter Berücksichtigung des Landzeitaspekts, Müll und Abfall, 1986, S. 348 ff.

Aurand, K.: Gefährdungsabschätzung kontaminierter Verdachtsflächen, in: Altlastensanierung und Entsorgungswirtschaft, Entsorga Schriften 4, 1987, S. 90 ff.

Baccini, P.: Das Leitbild der Abfallwirtschaft in der Schweiz – Konsequenzen für die Deponierung von Reststoffen, Schriftenreihe des Instituts für wassergefährdende Stoffe (IWS) der TU Berlin, 1987, S. 83. ff.

Baumgarten, J. / *Zimmermann*, H. / *Mücke*, K.: Das Altlagerungs- und Altlastenprogramm des Landes Niedersachsen, Wasser und Boden 1986, S. 497 ff.

Bezirksregierung Hannover (Hrsg.): Kursbuch für Sonderabfälle in Niedersachsen, Hannover 1981.

Birn, H.: Abfallbeseitigungsrecht für die betriebliche Praxis, Nachschlagewerk (Loseblatt-Ausgabe), Kissing 1986.

Bonus, H.: Marktwirtschaftliche Konzepte im Umweltschutz, Stuttgart 1984.

Brandt, E. / *Dieckmann*, M. / *Wagner*, K.: Altlasten- und Abfallproduzentenhaftung, Düsseldorf 1987.

Breuer, R.: Die Abgrenzung zwischen Abwasserbeseitigung, Abfallbeseitigung und Reststoffverwertung, Heidelberg 1985.

– Altlasten als Bewährungsprobe der polizeilichen Gefahrenabwehr und des Umweltschutzes, juristische Schulung 1986, S. 359 ff.

Bundesminister des Innern: Umweltprogramm 1971, Bundestagsdrucksache VI/2710.

– Das Verursacherprinzip – Möglichkeiten und Empfehlungen zur Durchsetzung, Umweltbrief Nr. 1, Bonn 1973.

– Was Sie schon immer über Umweltschutz wissen wollten, Berlin 1981.

Bundesminister für Umwelt, Naturschutz und Reaktorsicherheit (Hrsg.): Umweltbrief Nr. 33, Leitlinien Umweltvorsorge, Bonn 1986.

Bundesamt für Umweltschutz (Hrsg.): Trägerschaftsformen für Anlagen zur Sonderabfallentsorgung, Bern 1988.

Davidson, H. / *Hermring*, H.-W.: Die Hamburger Konzeption zur Finanzierung der Altlastensanierung, in: Brandt, E. (Hrsg.), Altlasten, Taunusstein 1988, S. 155 ff.

Deutscher Bundestag: 6. Anhörung des Innenausschusses zu Fragen des Umweltschutzes, Prot. Nr. 64, 1971.

Deutscher Bundestag: Umweltgutachten, 11. Wahlperiode, Drs. 11/1568 vom 21.12.1987.

Donner, H. / *Oest*, W.: Finanzierungsmöglichkeiten der Altlastenbehandlung in Niedersachsen, Gutachten im Auftrag des Niedersächsischen Umweltministers, Hannover 1989.

Dörhöfer, G.: Die geologische Barriere bei der Lagerung von Abfallstoffen, Bericht Baugrundtagung der Deutschen Gesellschaft für Erd- und Grundbau, Nürnberg 1986, S. 5 ff.

Drechsler, W.: Abfallverbrennung auf der Nordsee, Entsorgungspraxis, 1989, S. 82 ff.

Drescher, J.: Festigkeit von abzulagernden Schlämmen, Seminarvortrag, Haus der Technik Essen, 3./4. Mai 1988.

Edom, E. / *Rapsch*, H.-J. / *Veh*, G. M.: Reinhaltung des Meeres, Köln 1986.

Elster, T.: Die Verwaltung, in: Korte, H. / Rebe, B. (Hrsg.), Verfassung und Verwaltung des Landes Niedersachsen, 2. Auflage, Göttingen 1986, S. 538 ff.

Faber, M. / *Stephan*, G. / *Michaelis*, P.: Umdenken in der Abfallwirtschaft, Heidelberg 1988.

Frank, F. J.: Strategien zur Vermeidung, „Gefährliche Abfälle", in: Abfallwirtschaft in Rheinland-Pfalz II, Ministerium für Soziales, Gesundheit u. Umwelt (Hrsg.), 1985, S. 59 ff.

Franßen, E.: Abfallrecht, in: Salzwedel, J., (Hrsg.), Grundzüge des Umweltrechts, Berlin 1982, S. 399 ff.

Franzius, V.: Dimension der Altlastenproblematik in der Bundesrepublik Deutschland, Fachseminar Bodensanierung und Grundwasserschutz – Wiedernutzung von Altstandorten, Fachseminar in Braunschweig am 24. / 25. 9. 1986.

Feldhaus, G.: Bundesimmisionsschutzrecht, Kommentar (Loseblatt-Sammlung) Wiesbaden 1988.

– Entsorgung bei der Genehmigung von Industrieanlagen, Umwelt- und Planungsrecht, 1983, S. 356 ff.

Frey, B. S.: Umweltökonomie, Göttingen 1985.

Friauf, K. H.: Verfassungsrechtliche Aspekte des Nordrhein-Westfalen-Modells – Altlastensanierung durch „Lizenzenabgaben" auf die Sonderabfallentsorgung, Verfassungsrechtliche Aspekte des Nordrhein-Westfalen-Modells, herausgegeben von der Wirtschaftvereinigung Eisen- und Stahlindustrie, 1987.

Fülgraff, G.: Die Endlichkeit der Rohstoffe-Materie in Wirtschaft und Umwelt, in: Ministerium für Umwelt Baden-Württemberg (Hrsg.), Leben ohne Müll – Wunsch und Wirklichkeit? – Stuttgart 1989, S. 25 ff.

Gesellschaft deutscher Chemiker, Beratergremium für umweltrelevante Altstoffe: Altstoffbeurteilung – ein Beitrag zur Verbesserung der Umwelt –, Frankfurt 1987.

Hahn, J.: Anforderungen an zukünftige Abfallbehandlung und Lagerung, in,: Schriftenreihe des Instituts für wassergefährdende Stoffe (IWS) der TU Berlin, 1987, S. 9 ff.

Henkel, M. J.: Altlasten als Rechtsproblem, Düsseldorf 1987.

– Altlasten in der Bundesrepublik Deutschland, in: Brandt, E., (Hrsg.) Altlasten, Taunusstein 1988, S. 25 ff.

Henselder, R.: Gesetz über die Vermeidung und Entsorgung von Abfällen – Gesetzestext mit Begründung-, Köln 1986.

Hösel, G. / *Lersner*, H. von: Kommentar zum Gesetz über die Beseitigung von Abfällen (AbfG), in: Handbuchrecht der Abfallbeseitigung, Berlin 1972.

Holtmeier, E.-L.: Das Nordrhein-Westfalen-Modell, Sonderabfallentsorgung und Altlastensanierung, in: Brandt, E., (Hrsg.) Altlasten, Taunusstein 1988, S. 142 ff.

Inplus: Bundesweite Auswertung der Begleitscheine,-Forschungsbericht 10302113/06, Umweltbundesamt (Hrsg.), Berlin 1985.

Irmer, H.: Maßstäbe für Grundsätze der Sanierung in : Altlastensanierung und Entsorgungswirtschaft, Entsorga Schriften 4, 1987, S. 95 ff.

Jäger, B.: Entsorgungskonzepte, Energie, 1988, S. 14 ff.

Jäger, B. / u. Partner: Gutachten Sonderabfalldeponie im Saarland, erstellt im Auftrag des Saarländischen Umweltministers, Berlin 1987.

Jaron, A.: Konzertierte Aktion Sonderabfallentsorgung in Hannover am 21. September 1988, Müll und Abfall, 1988, S. 562 ff.

Jung, G.: Organisationsmodell zur Entsorgung von Abfällen aus Gewerbe und Industrie, in: Handbuch Müll und Abfall, KZ Nr. 8050, Berlin Lfg. 1/87.a

– Die Planung in der Abfallwirtschaft, Berlin 1988.

Karakasli, A.: Giftmülltourismus in die Türkei, Türkische Wirtschaftswelt, Heft 9, S. 8 ff.

Klich, A.: Die Sozialkosten des Umweltschutzes, in: Beseitigung industrieller Abwässer und Abfälle, Stuttgarter Berichte zur Abfallwirtschaft, Sonderheft, Berlin 1977.

Kloepfer, M.: Die Verantwortlichkeit für Altlasten im öffentlichen recht, in: Altlasten und Umweltrecht, 1. Trierer Kolloquium zum Umwelt- u. Technikrecht vom 20. bis 22. November 1985, S. 17 ff.

– Lizenzentgelt und Verfassungsrecht – zur Verfassungsmäßigkeit des sog. Nordrhein-Westfalen-Modells für die Altlastensanierung, die öffentliche Verwaltung 1988, S. 573 ff.

Koch, H. J.: Altlasten – eine umweltpolitische Herausforderung, in: Brandt, E., (Hrsg.), Altlasten, Taunusstein 1988.

– Bodensanierung nach dem Verursacherprinzip, Köln 1985.

Kreusch, J.: Möglichkeiten, Probleme und Risikobewertung bei der untertägigen Einlagerung von Sonderabfällen, Hannover 1984.

Kunig, P. / *Schwermer*, G. / *Versteyl*, L.-A.: Abfallgesetz, Kommentar, München 1988.

Landesamt für Wasser und Abfall Nordrhein-Westfalen: Sonderabfallverbrennung, Materialien Nr. 1/88, Düsseldorf 1988.

Länderarbeitsgemeinschaft Abfall (Hrsg.): Informationsschrift Sonderabfälle Berlin 1975

Länderausschuß für Immisionsschutz: Entwurf einer Verwaltungsvorschrift zur Vermeidung und Beseitigung von Reststoffen, Düsseldorf 1988.

Langer, M.: Geotechnische Bewertung geologischer Barrieren bei Untertagedeponien, Festschrift Prof. Duddeck Institut für Statik der TU Braunschweig, Braunschweig 1988.

Mantwill, H.: Aus der Tätigkeit der Länderarbeitsgemeinschaft Abfall, Müll und Abfall 1979, S. 350 ff.

Mathiesen, K.: Nordrhein-Westfalen-Modell Sonderabfallentsorgung und Altlasten in: Altlastensanierung und Entsorgungswirtschaft, Entsorga Schriften 4, 1987, S. 127 ff.

Meller, E.: Sanierung von Altlasten und deren Finanzierung aus der Sicht der Industrie, in: Altlastensanierung und Entsorgungswirtschaft, Entsorga Nr. 4, 1987, S. 136 ff.

Mertens, B.: Sonderabfallentsorgung in Nordrhein-Westfalen, in: Handbuch Müll und Abfall, KZ Nr. 8063, 57 Lfg., Berlin 1980.

– Landesabfallgesetz, Textausgabe, Düsseldorf 1988.

Nato-Umweltausschuß, CCMS: Pilostudie „Beseitigung gefährlicher Abfälle", Unterprojekt: Organisation der Beseitigung gefährlicher Abfälle, Bundesminister des Innern (Hrsg.), Bonn 1977.

Neumann, H.: Die vorläufige Niedersächsische Verfassung, Handkommentar, Stuttgart 1987.

Nieders. Landesverwaltungsamt – Statistik: Gewerbliche Abfallbeseitigung 1984, Band 444, Hannover 1987.

– Volks- und Arbeitsstättenzählung 1987, Kreisstatistik Niedersachsen 1987, Teil 3 Arbeitsstätten, Hannover 1989.

Nieders. Minister für Ernährung, Landwirtschaft und Forsten: Rahmenplan Sonderabfallbeseitigung Niedersachsen, Hannover 1985.

Nieders. Landesregierung: Umweltschutz in Niedersachsen 1981/82, Bericht der Nieders. Landesregierung, Hannover 1981.

Nieders. Landesregierung: Bericht einer Arbeitsgruppe, Schnellere und kalkulierbare Genehmigungsverfahren, Hannover 1988.

Nieders. Umweltminister: Zielkonzeption der niedersächsischen Sonderabfallwirtschaft, Hannover 1986.

– Sonderabfallentsorgung in Niedersachsen – Expertenanhörung über Strategien und Verfahren zur Vermeidung / Verminderung / Verwertung sowie die endgültige Beseitigung von Sonderabfällen, Hannover 1988.

– Thermische Verwertung durch Verbrennung, Hannover 1988.

– Salskavernendeponierung, Hannover 1988.

Nöcke, J. / *Timm*, J.: Sonderabfall, Altlasten und Öffentlichkeit, Abfallwirtschaftsjournal 1989, S. 24.

Nußbaumer, M.: Einkapselungsverfahren, in: Brandt, E. (Hrsg.), Altlasten, Taunusstein 1988, S. 95.

Oberholz, A.: Wohin mit dem Abfall, Blick d. d. Wirtschaft, vom 3.1.1989.

Papier, H.-J.: Altlasten und polizeirechtliche Störerhaftung, Köln 1985.

Prognos: Projektzkizze technisch-wirtschaftliche Bewertung von verfahren der Sonderabfallbehandlung und Empfehlung zur Auswahl, Basel 1987.

Salzwedel, J.: Rechtsgutachterliche Stellungnahme zum Nordrhein-Westfalen-Modell: Sonderabfallentsorgung und Altlastensanierung, herausgegeben vom Ministerium für Umwelt, Raumordnung und Landwirtschaft des Landes Nordrhein-Westfalen, o. J.

Schenkel, W.: Sortiergesellschaft statt Wegwerfgesellschaft, Umweltmarkt von A-Z 1986/1987, S. 16 ff.

Schmeken, W.: Altlasten-Zuständigkeiten und Finanzierungsmodelle, in: Abfall und Abfallentsorgung, Walprecht, D. (Hrsg.), Bonn 1989, S. 223 ff.

Schmidt-Bleibtreu, B.: Kommentar zum Grundgesetz, Darmstadt 1977.

Schneider, H.-J.: Enddeponierung von Sonderabfällen in Salzkavernen, Handbuch der Müll- und Abfallbeseitigung, Rd. Nr. 8192, S. 1 ff.

Schoppmeyer, W.: Erfahrungen mit der Entsorgung, Aufbereitung und Verwertung fester Verbrennungsrückstände aus der Hausmüllverbrennung, Müll und Abfall 1988, S. 104 ff.

Schuldt, M.: Einführung in die Gefährdungsabschätzung von Altlasten , in: Brandt, E., (Hrsg.), Altlasten, Taunusstein 1988, S. 42 ff.

Simon, W. W.: Von der Sonderabfallbeseitigung zur Sonderabfallwirtschaft, Berlin 1982.

SPD-Landtagsfraktion: Was wird mit dem Giftmüll?, Hannover 1988.

Stief, K.: Das Multibarrierenkonzept als Grundlage von Planung, Bau, Betrieb und Nachsorge von Deponien, Müll und Abfall, 1986, S. 15 ff.

Stobbe, A.: Volkswirtschaftslehre I, Berlin 1980.

Strickrodt, B.: Kooperationsmodell des Landes Rheinland-Pfalz zur Altlaastensanierung in: Franzius, V., Stegmann, R., Wolf, K. (Hrsg.), Handbuch der Altlastensanierung, Heidelberg 1988.

Sutter, H.: Vermeidung und Verwertung von Sonderabfällen, Berlin 1987.

Szelinski, B.-A.: Organisation der Sonderabfallbeseitigung, in: Thome-Kozmiensky (Hrsg.), Sonderabfallbeseitigung, Berlin 1977, S. 23 ff.

Tabarsaran, O.: Sonderabfall und Altlasten, in: Abfallwirtschaft in Rheinland-Pfalz II, Ministerium für Soziales, Gesundheit und Umwelt (Hrsg.), Mainz 1985, S. 11 ff.

– Studie zur Festlegung von Anforderungs- und Standortkriterien für die Errichtung von anlagenbezogenen Übergangszwischenlagern für bestimmte Sonderabfälle in Niedersachsen, Stuttgart 1987.

Thome-Kozmiensky, K. J.: Sonderabfallentsorgung, in: ders. (Hrsg.), Behandlung von Sonderabfällen 1, Berlin 1987, S. 46 ff.

Uhlendorf, H.-J.: Das geltende Abfallrecht in Niedersachsen, in: Praxis der Gemeindeverwaltung (Loseblatt-Sammlung), Wiesbaden 1979.

Umweltbundesamt (Hrsg.): Bundesmodell Abfallverwertung, Berlin 1975.

– Jahresbericht 1986, Berlin 1987.

– Jahresbericht 1987, Berlin 1988.

– Umplis, Informations- und Dokumentationssystem Umwelt, Abfallkatalog, Stand 03. 06. 1988, Berlin 1988.

Uppenbrink, M.: Umweltverträglichkeitsprüfung – Furcht und Hoffnung –, Entsorgungspraxis, 1988.

Wicke, L.: Umweltökonomie, München 1989.

Wöhe, G.: Einführung in die Allgemeine Betriebswirtschaftslehre, München 1976.

Wolf, K.: Vorstellung des Hamburger Altlastensanierungsfalles Deponie Georgswerder, in: Brandt, E. (Hrsg.), Altlasten, Taunusstein 1988, S. 112 ff.

Wolf, K. / *Zarth*, M.: Die Deponie Hamburg-Georgswerder: Entstehung, Umweltgefahren, Sanierung, Wasser u. Boden, 1989, S. 511.

Wolff, F.: Wege zur sicheren Deponietechnik, TIS Heft 8, 1986.

FSC
www.fsc.org
MIX
Papier | Fördert gute Waldnutzung
FSC® C083411

Kolibri 360 GmbH
Ferdinand-Jühlke-Straße 7
99095 Erfurt, Deutschland
produktsicherheit@kolibri360.de

Druck:
CPI Druckdienstleistungen GmbH
im Auftrag der
Kolibri 360 GmbH
Ferdinand-Jühlke-Str. 7
99095 Erfurt